すべての"はたらく"に歓びを！

リコー会長が辿り着いた「人を愛する経営」

リコー会長
山下良則

日経BP

すべての〝はたらく〟に歓びを！

リコー会長が辿り着いた「人を愛する経営」

助けてくれた人がいた

1980年にリコーに入社し、国内外の生産現場で働き、32年目で初めて本社勤務となりました。2017年からは6年間、社長として、リコーの「再起動」と「挑戦」、「飛躍」に取り組みました。

読者の皆さんは、私のリコーでの人生が順風満帆だったように思われるかもしれません。でも実際は、私は社長になるどころかリコーに入社さえもできていなかったはずなのです。それなのに私がここまで働いてこられたのは、助けてくれた人がいたからです。

私が就職活動をしていた頃、学校に求人が来ていた企業の中から、自分でいくつかの指標を設けて比較し、「ここがいい」と思ったのがリコーでした。大学の研究室の先生が推薦してくれた他の企業はお断りして、私はリコーに懸けていました。

最終面接は、東京の青山にあったまだ真新しい本社ビルで行われました。この最終面接が、私にとって二度目の上京でした。初回は中学の修学旅行です。

当然ながら、土地勘は全くありません。電車を降りて駅を出て、道を間違っていたと気がついたのは歩き始めてしばらくたってからでした。歩けどもリコーの本社にたどり着かないので通りすがりの人に聞くと、逆方向に進んでいたことが分かりました。もうすぐ面接の開始時間です。携帯電話で連絡、と今なら思いますが、１９７０年代の世の中にそんな便利なものはありません。

全速力で引き返します。野球や卓球で鍛えていたので走力には自信がありましたが、果てしなく遠く感じます。

やっと本社にたどり着いたときには汗だくでした。面接の開始時刻はとうに過ぎています。他の学生の視線が気になりながらも、人事担当者らしき男性に声をかけ、事情を説明しました。

「遅刻した学生は面接を受けられません」

とは、その人は言いませんでした。

代わりに、書類を確かめてこう言いました。

「山下君、君は工学部経営工学科だね」

その通りです。

「私も同じ学科なので、君は私の後輩だ」

実はその人は、経営工学科出身ではありましたが別の大学だったので、厳密には私の先輩とは言えないと思います。しかし、彼は続けました。

「これも縁だから、君の順番を今日の最後に変更しておくよ」

その〝先輩〟のおかげで私は無事、面接を受けることができ、リコーの一員になることができたのです。

大学受験のときにも同じようなことがありました。

私は兵庫県加西(かさい)市の出身です。高校までを地元で過ごした私は、経営工学を学びたいと、広島大学を志望していました。当時、経営工学科のある大学は数えるほどしかなく、広島大学工学部経営工学科は数少ない選択肢でした。

広島駅近くのホテルに泊まり、迎えた受験当日、アクシデントがありました。受験会場まで行く路面電車が満員で乗れず、急遽、バスに切り替えました。ところが、受験会場には向かわないバスだったのです。

その頃、広島大学のキャンパスは駅の西側にありました。しかし、バスは南下し瀬戸内海方向へと進みます。気づいたときには乗車してからかなり時間がたっていたと思います。次のバス停を待ちきれず、ドライバーのところへ駆け寄り、バスを乗り間違えたことを伝えました。広島大学を受験するのだとも言いました。

バスはバス停ではないところで停まりました。

運転手さんは私を降ろし、「頑張りんさいよ」と声をかけてくれました。

彼が機転を利かせてくれなければ、私は試験開始時間に間に合わず、その結果、やはり間に合わなかったリコーの最終面接で、〝先輩〟に助けてもらうこともなかったでしょう。

仕事は人がやっている

実はリコーに入ってからも、同じようなことがありました。

1989年、中国でのことです。リコーは既に日本国内だけでなく、欧州でも複写機の生産工場を稼働させていました。当時それまで使用していた部品の価格が高騰し、より安い部品を調達することが必要になりました。

目指すは深圳（しんせん）。香港からクルマで行ける距離にある、中国の経済特区です。そこで、少しでも安く安定した部品を調達するのが私のミッションでした。

当時香港は多くの日本企業から同じような任務を担った大勢の日本人がサプライヤーを開拓していました。私は、彼らの一歩先を行きたくて、香港からタクシーに乗り、中国・深圳のパーツメーカーを開拓することにしました。

到着した工場で社長が待ってくれていました。お互いに上手とは決して言えない英語で話し合い、交渉成立。達成感を感じながら再びタクシーに乗り込んで帰路につきましたが、途中で大雨が降ってきました。

クルマの屋根を大粒の雨がたたき、ものすごい音です。窓の外も全く見えない程の強い雨で、雨が降っていること以外何も分かりません。道は渋滞し、クルマは全く進まなくなりました。土砂崩れが起こって道路が封鎖されたようです。

時が1時間、2時間と過ぎて、だんだんと周りが暗くなってきます。

今、ここで再び土砂崩れが起きてクルマごと流されても、誰も私のことを見つけられないだろうと思いました。もちろん、1989年の中国にも携帯電話はありません。

1989年といえば、天安門事件が起こった年です。フィリピンであった日本人商社の社員誘拐事件の3年後です。恐怖も覚えました。

タクシーの運転手に、さっきまでいた工場に戻りたいと筆談で伝えました。路上のクルマの中にいるより、工場の建屋にいたほうが安全だと判断したからです。問題は、工場に誰かが残っているかどうか。そして、助けてくれるかどうか。

夜、7時か8時になっていたと思います。たどり着いた工場には、数時間前に交渉した相手がまだ残っていました。

「今日中に香港には帰れなくなったので、泊めてほしい」

その申し出に社長は快諾、電話（固定電話です）でリコーの香港の事務所に私の無事を伝えてくれました。その日の宿として、寮を使っていいとも言ってくれました。その工場では、多くの労働者が工場の敷地内で寮生活を送っていました。

ですが、不安な時間はまだ終わりません。

寮には100以上の部屋があり、一番奥にある部屋を提供してくれました。一部屋には2段ベッドが4つ置かれています。

タクシーの中で一夜を明かすことを考えれば素晴らしい環境です。ですが、知らない場所で、言葉も通じない人しかいないなか、部屋にポツンと一人でいるというのはやはり心細いものです。全員が良い人で、いきなりやってきた外国人に戸惑いながら同情していたとしても、私がそれを知るすべはありません。
私は2段ベッドの上の段に隠れるように寝ることにしました。疲れ切っていたので早く眠りにつきたいと思うのですが、漠然とした不安な気持ちが次々と湧き上がってきます。普段は寝つきの良い私ですが、このときばかりはなかなか眠れませんでした。翌朝、何事もなく目覚めたときは、ほっとした気持ちと同時に、助けてくれた社長への感謝の気持ちで一杯になりました。

こうした経験が「仕事は人がやっているんだ」と私に気づかせてくれました。以前から「仕事とは何なのだろう」と考えることがありましたが、このときに「仕事とは相手の役に立つことである」と納得しました。言われた通りに何かをするのは「作業」です。「仕事」とは必ず相手がいて、そして「相手の役に立つことをする」ことなのです。

皆さんの「はたらく」に役立ちたい

深圳の部品工場の社長が、香港に戻ったはずの日本人が引き返してきたことを気の毒だと思わなかったら、今、どうなっていたか分かりません。

リコーの面接担当者が、受験のときのバスの運転手が、もしも別の人だったら、私は別の人生を歩んでいたかもしれません。今の時代で考えると、恐らく面接会場の入り口には人がおらず、そこに置かれた機器に、受験票に印刷されたＱＲコードをかざしたら「時間外のため面接不可」とだけ表示されて、扉は開かなかったでしょう。バスが自動運転で、バス停以外のところでは停まれない仕様になっていたら、私は受験会場とは違う方向の終点まで行くしかなかったでしょう。

私は救われたのです。その場に、相手のことを想い、その人の役に立とうとする人がいたからこそ、今があるのです。これらの経験は、深い感謝の念としてずっと私の心の中にあります。

私は、３人兄弟の末っ子で、家族や親戚から大変かわいがってもらい、たくさんの愛に包まれて育ったと思っています。幸せなことです。

そんな私だったからかもしれませんが、大学生のときに『愛の試み』（福永武彦著、新潮社、１９７５）という本と出合い、衝撃を受けました。その本には、「愛されるより愛するほうが１００倍尊い」「愛の本質は愛することにある」と書かれていました。
　当時一人暮らしを始めたばかりの私は、孤独にさいなまれていました。そんななかでこの本に出合い、私はこれまで愛されることばかりで自分から愛することができていなかったのではないか、ということに気づいたのです。これは衝撃でしたが、その孤独感の原因が分かったことで、すとんと腑（ふ）に落ちるとともに、希望の光のようにも思いました。人は愛されるより愛するほうが勇気が必要であり、充実した人生が送れると考えたのです。

　それまで私は、ぬくぬくと受け身だったわけですが、このときから「人を愛する努力をする」ようになり、「人をよく見て関心を持つ」習慣が身につきました。そして、人から施される愛も、この上なく感じることができるようになりました。それが、先ほどのいくつかの経験に紐（ひも）づいています。きれい事のように思われるかもしれませんが、その日以来、「愛すること」が私の生き方の基本となりました。その後もさまざまな経験をするなかで、「人へのお役立ちの本質に触れる」ようになっていったと思っています。

　第４章で詳しく述べたいと思っていますが、リコーグループの事業活動の根幹には

『三愛精神』があり、それに基づいて社員は日々仕事に取り組んでいます。三愛精神とは「人を愛し、国を愛し、勤めを愛す」です。国を愛しは、今では地球を愛しと解釈しています。「人を愛する努力をする」と決めた私がリコーで人生を送ってきたことは本当に幸いでした。私自身が人のお役に立ち、人に活かされる人生を送ることができたことに感謝しています。

こうした想いから、私は社長に就任した際、もっと人に焦点を当て「人を活かす経営」がしたいと考えました。就任会見で記者の方からどのような会社にしたいかと聞かれ、「社員がイキイキと働ける会社にしたい」と答えました。

私は、もちろん聖人君子なわけではありません。若い頃から、会社に対して相当文句も言ってきました。でも今振り返ってみると、人を愛し、人の役に立ちたいと考え、そしてなんとかそれを実行できたのではないかと思っています。リコーでの経験を通じて考えてきたことを皆さんにお伝えすることで、皆さんの人生、特に「はたらく」ことにお役に立てたら幸いです。

2024年　初冬　東京・杉並にて　　山下良則

目次

第2章 〝はたらく〟に歓びを……71

第3章

改革は自己否定から始める……95

第4章

迷ったら原点に立ち返る……137

第5章 地球を愛すること

第6章

第1章

会社の最大の宝は社員のモチベーション

働きがいのある会社は強い

お神輿（みこし）を担ぐ人、担がない人

最近、さまざまなところで「人的資本経営」についての話題を見聞きします。言うまでもなく、人的資本経営とは企業の持続的な成長のため、「人」を「資本」として捉える考え方です。私も、社員は資源ではなく資本であると考えています。資源は使えば減少していきますが、資本は磨けば輝いていきます。社員に投資をすることでやる気が生まれ、やる気に満ちた社員が価値を生み出す源泉となります。

つまり、単に数の問題ではなく、質の問題なのです。このため、社員がモチベーション高く仕事に取り組む環境や制度を整備することが重要であると考えています。

かつて地域の夏祭りに参加したことがあります。

これまで15回引っ越しをした私が、何番目かに住んだ町でのことです。私は33歳で、子供はまだ3歳と1歳でした。

住むからには家族ぐるみで地域に溶け込みたいと思い、私自身も地元のソフトボールのチームに所属し、日曜はできるだけ練習や試合に出ていました。

近所には古くからの神社があり、夏には大きなお祭りが催されました。それぞれの町会がこの日のために大事に保管しておいたお神輿を出し、あちこちを練り歩きます。

その年、私たちの町会では、我々ソフトボールのメンバーがお神輿の準備をすることになりました。私も当然参加します。お祭り当日の朝に集まり、8人で倉庫からお神輿を出し、念入りに飾り付けしました。立派なお神輿でしたが8人でも十分担げる重さでした。準備が整い、いよいよ本番となります。担ぎ手も続々と集まり、スタートする頃には20数人でお神輿を担いで練り歩き始めました。

ところが、驚いたことに担ぎ手が約3倍に増えたのに全く軽く感じないのです。それどころか、8人で倉庫から出したときより重く感じます。

おかしいなと思ってよく見てみると、二十数人のうちの何人もが、お神輿を担ぐというよりも、まるでお神輿にぶら下がっているかのように見えました。これでは重いはずです。仮にぶら下がる人がいても、それ以上に担ぐ人が増えていれば重くはならないはずなのに、どうしたことか。

担ぎ手が増えてもその人がちゃんと仕事を果たさなければ、負担は軽くはならない。むしろ、その人がぶら下がるようなことがあれば、お神輿は重くなる。当たり前のことなのですが、その事実を目の当たりにすると、教訓めいたものを感じたのです。

社員にやる気がないのは、会社の責任

私は、「会社の最大の宝は社員のモチベーション」だと考えています。

こう考えるようになった原点は、このお神輿の体験にあります。どんなに優秀な社員がたくさんいても、何人かが手を抜いたら、他の何人かがカバーしなくてはならなくなります。手を抜く社員はゼロどころかマイナスです。逆に他の社員の負担になるのです。大事なのは人の数ではなく、一人ひとりのモチベーションだ、というわけです。

お祭り翌日の月曜日、私はいつも通りに神奈川県の厚木工場に出社しました。

その頃、私の部門では月曜の朝に社員が交代で3分間スピーチをすることになっていました。この日はちょうど私がスピーチをする日でした。これ幸いとどんどんと重くなるお神輿のエピソードを披露したのですが、そこで「この工場にもそういう人がいませんか」と思わず問い掛けてしまいました。

実際にそういう人がいたわけではありません。ただ、スピーチというからには「こんなことがありました」で終わらせず、何かしら共有できるような学びがないといけないと思っていたからかもしれません。

これが部門長の逆鱗に触れ、私はとたんに工場の有名人になってしまいました。

スピーチは失敗となってしまいましたが、このお神輿での経験はことあるごとに思い出します。

会社がお神輿、社員が担ぎ手だとします。その全員が担ぎ手なら、相当に重いお神輿も担げるし、そのお神輿を担いだままかなり遠くへも行けるでしょう。ですが、お神輿を担がずに眺めているだけ、あるいはぶら下がってしまう人が増えると、お神輿は持ち上がらなくなり、どこへも行けなくなってしまいます。

会社は、社員を人数で管理すべきではありません。大事なのは社員が何人いるかではなく、そこにいる社員がどれだけモチベーションの高い状態にあるかです。

ただ、会社の宝である社員のモチベーションは、定量化して把握することが困難です。社員数は簡単に数えられますが、モチベーションについては数字として精緻化することが難しいため、前年比でどれだけ増減したかという評価もなかなかできません。これは、多くの企業が社員を人数で管理してきた理由の一つと言えるでしょう。

とはいえ、数えられないからといって、ないがしろにしていいわけではないのです。同じ数だけ社員がいるなら、会社は一人でも多くの社員にできるだけモチベーションを高め、持っている力を発揮してもらったほうが仕事のパフォーマンスが上がる、と考えるのが当然です。

では、社員のモチベーションが低く、持っている能力を存分に発揮できていないとすれば、それは何が原因でしょうか――。

それは、会社が、社員のモチベーションを高め、能力を発揮できるような環境を整えられていないということです。社員のモチベーションが低いのは、会社にも責任があるということです。

２０１７年にリコーの社長に就任した私が、最も注力して取り組んできたことの一つが、この社員がモチベーションを高く持って働き続けられる環境づくりでした。

「働かせ方」改革ではなく、「働きがい」改革を

２０１７年４月に社長に就任する３カ月前、その年の１月に社長就任会見をした際、記者の皆さんの前で、「社員一人ひとりがイキイキと働ける会社にしたい」と答えたエピソードを「はじめに」で披露しました。「企業の最大の宝は、社員のモチベーションである」という言葉もここで表明したものです。

社員がイキイキと働き、そのモチベーションの高さを会社の宝とする。これを実現するために、環境づくりが必要だとは分かっていましたが、ではその環境をどうつくるのか。私は考えました。

当時、世の中では盛んに「働き方改革」の必要性が叫ばれていました。私にとってそれは、残業代を減らしたいという会社都合の「働かせ方改革」になっていることが多い

2017年1月、社長就任前の記者会見で企業の最大の宝は社員のモチベーションだと語った

ように思えました。

そこで、この「働き方改革」を、さらに社員主体の「働きがい改革」にしなくてはならないと考えたのです。社員それぞれが最適な働き方を自律的に考え、自分のアウトプットに責任を持つことで、すべての社員が最適な「ワークライフ・マネジメント」を実現することを目指しました。これが、リコーグループの社員一人ひとりがイキイキと働くことにつながると考えました。

そのためにまず取り組んだのが、場所や時間にとらわれない柔軟な働き方を実現するための「ルールとツールの整備」です。

全社員にノートパソコンを支給し、いつでもどこでも働けるようなＩＣＴ（情報通信技術）環境を整備することから始めました。

社員がいつでもどこでも働くことができる環境をつくりたい、と考えるきっかけとなった出来事があります。

２００８年から米国の生産関連会社の社長をしていたときのことです。出張時の空港である若者が待ち時間にパソコンでゲームをしていました。すると、彼はパッと切り替えて仕事を始めたのです。私はオンとオフの垣根が低いことに驚きました。

会社に戻って、米国人のジェネラルマネージャーにその話をしました。すると「Ｊａｋｅ（当時の米国での私のニックネームです）、オフィスにいることが仕事だと思っているんじゃないのか？」と問われたのです。ハッとさせられました。オフィスに出勤して机に向かっていることが仕事ではなく、「いつどこにいようが新たな価値を創り出すことが仕事」なのだと気づいた瞬間でした。

場所や時間にとらわれない新しい働き方に会社全体でチャレンジするなかで、思い出深いことがあります。２０１９年の5月頃、翌年の東京２０２０オリンピックの開催に向け、東京都から企業に対して「交通混雑緩和へのご協力のお願い」が出されたときのことです。世界中からオリンピック観戦の人が集まり、東京が大混雑することが予想されるので、企業も混雑緩和に協力するように、という依頼でした。

これは新しい働き方が広がるきっかけになると思い、オリンピック開催期間に本社を閉鎖し、本社に勤務している社員約２０００人でリモートワークを実施することを決定しました。

とはいえ、そのときが来たら対応すればよいというものではありません。リモートワークが目的ではなく、働き方を見直して、従来より効率が良い、または価値が高い仕事ができなければ意味がありません。そこで、リモートで働く練習が必要だと考えました。ある意味での失敗体験も必要です。そこで、オリンピック開催期間に入る前に本社一斉リモートワークを何度か実践してみました。例えば２０１９年末、クリスマスの期間3日間は本社をクローズしました。

この頃、官民連携によりテレワークが推進されており、一部の企業では、テレワークを呼び掛けていましたが、さすがに本番さながらに練習していたという会社はなかったと思います。

結果的にはオリンピックではなく、コロナ禍への対応として、このリモートワークの経験が大いに役に立ちました。2020年4月に東京で緊急事態宣言が出されたときにも、スムーズにリモートワークに切り替えることができました。

そして「ルールとツールの整備」と並行して取り組んだのが「意識・風土の変革」です。働きがい改革は、社員に向かって、働きがいを高めていくんだ、と唱えれば実現できるというものではありません。そこでまず、働き方に関するこれまでの常識や固定概念にとどまらず、働き方の選択肢を増やすことにしました。

社内にはいろいろな職種があります。例えば、製品の企画、開発、生産そして品質保証、さらに販売・保守などです。この職種ごとに最大のパフォーマンスを出せる働き方がベストです。それぞれの社員が、自ら一番良い成果が出せる働き方を選ぶようにできないかという発想で進めました。リコーは国内に約3万人の社員がいますが、極端に言えば3万種類の働き方があってよいと考えていました。

これらの施策は、決して社員を甘やかしたり、単に居心地の良い会社にしたりするためのものではありません。一人ひとりが自分の成果に責任を持ち、自分にフィットした働き方を自ら考え、それを上司との１ｏｎ１ですり合わせるようにしました。これが、社員自らが取り組むワークライフ・マネジメントなのです。

「オープン」に組織風土を変えていく

働きがいは、社員自らが将来どうありたいかを考え、今の役割を果たすために行動し、それが適正に評価されるサイクルが回ることで醸成されるものだと思います。この働きがいを実現するうえで、リコーの組織風土を徹底的に「オープン」に変えることが必要だと考えました。

私は、上司に「危機感を持て」と言われるのがすごく嫌でした。危機感は持たされるものではなく、本来はそれぞれが自分で認識するものだからです。会社の現状がありのままに示され、何が起こっているかが数字でしっかりと伝えられれば誰だって理解できます。社員自身が考え、会社や自分の仕事に危機が迫っていることを認識できれば、危機感はおのずと醸成されるのです。私は社員に対して「危機感を持て」とは言ったこと

ビデオメッセージで社員に直接語りかけるようにした。遠い存在だった本社の社長が、身近になったとも言われるようになった

がありません。これはモチベーションや働きがいも同じです。

リコーの組織風土をオープンにするために、会社に関する情報をできる限りタイムリーに知らせる体制づくりを進めました。間違っても、社外からの情報のほうが早いということは避けたいと考えていました。そのことは仲間である社員への礼儀だと思っています。

まず、自分の想いを社員に直接伝えるために、月に1、2回は必ず私自身が全社員に向けて、日本語と英語で動画のメッセージを出すことを始めました。これで社員とのコミュニケーションが変わりました。海外出張で初めて会った社員に「先日のビデオメッセージを聞いたが、ここをもう少し詳しく聞かせてくれ」と聞かれるといった具合です。

また、これまで全社方針説明会は、部長以上の集合形式で開催し、その後、参加した管理職が組織ごとに伝達する方式でした。私は、この方針発表会をライブ配信に切り替えて、全社員が直接聞けるように変えました。

社長が方針を事業部長に話し、事業部長から部門長に伝え、それを現場の社員に伝えると、最初に意図したことがしっかり伝わらないことがあります。お客さまとの商談情報など機微なものを除いて、情報は極力社員全員にオープンにすることに努めたのです。今考えると、まさにカルチャー変革でした。

先ほども少し触れましたが、絶対に避けたかったのは、社員がリコーについての大事な話を新聞やテレビなどのメディア経由で知ることです。社員なのだから、会社についてのニュースは良いことも悪いことも、会社から直接、聞きたいはずです。これは、私が若い頃に感じていたことでもあります。

現場にも足を運び、直接の対話を心掛けました。２０１７年度は、９カ国38の現場を訪ね、８２８人の社員、そして８１８人のお客さまと直接、対話しました。

現場にもできるだけ顔を出すようにした（2019年5月、米国工場）。経営陣も現場から学ぶことは多い。やはり現場に出なければダメだ

経営会議も、本社ではなく現場でも積極的に開催しました。２０１７年度は５月に厚木、６月に川崎、７月に海老名（以上神奈川）、８月に平和島（東京）、９月に花巻（岩手）、11月に沼津（静岡）の事業所に経営陣が集いました。

生産事業所やコールセンターなどを訪問し、現場を視察して、そこで働いている社員とのフィールドコミュニケーションも実施しました。社員の声を聞くだけではなく、例えばコールセンターでは、お客さまからの厳しいご指摘のあった通話を聞かせてもらいました。

現場には、報告資料では分からない事実があります。社長就任の年の最初の全

社長室をなくした。最初は誰も寄り付かなかったが、若手や女性社員がだんだんとそばに来てくれるようになった

社方針発表会で基本的な考え方の一つとして、「会議室を出て現場へ」を掲げました。これはその実践でした。現場で会う社員の明るい表情や会話からたくさんの勇気と元気をもらい、働きがい改革が少しずつ実を結んできていることを実感したのも現場でした。

私自身と社員との間の距離を近づけることも考えました。その一つが社長室の廃止です。2018年1月、本社を東京・銀座から、創業者ゆかりの土地である大田区に移転したのですが、その際に、役員フロアにあった自分の執務席を社員がいるフロアに移し、個室ではなく同じ空間で働くようにしました。

当時のオフィスは既にフリーアドレスを採用していたので、私のすぐ近くで誰が仕事をしてもよい環境にありました。残念ながら最初は誰も寄り付かず、周りが閑散とした状況でしたが、徐々に若手社員や女性社員が集まってきてくれました。そうなると社員との会話も増え、私自身、さまざまな気づきもありました。

ある日、若手の社員が席に来て、「上司から山下社長からのオーダーだということでこの報告書を作成していますが、この部分の指示の狙いが分からないので教えてください」というのです。

驚きました。私のお願いした指示とは違って、随分と広範囲に調査指示が出ていたのです。結局、社長からの指示は、事業部長→部長→…と若手社員に届くまでに、無駄に広くて困難なものになってしまっていました。社長と社員の距離の分だけ、余計な仕事が増えていたことに気がついたのです。

社員のやる気が高まる社内風土づくり

オフィスの〝3M〟を取り除く「社内デジタル革命」

仕事の目的や内容、やり方は、その仕事を担当している社員が一番よく知っているはずです。私は若い頃に、例えば「この月報は毎月発行しているけど誰の役に立っているのだろう？」「このエクセル計算は自動的にできないものか」といった疑問を抱くことが多くありました。

私は社長就任直後に業務サポートシステムの刷新を決裁しました。それは、若い頃のこの疑問を社員自ら解決してほしいと思ったからです。働きがい改革の本質は、業務そのものの効率アップや質の向上であると思っていたので、『社内デジタル革命』と銘打って全社で業務革新をスタートさせました。今でいうＤＸ（デジタルトランスフォーメーション）改革です。

私は生産部門出身なのですが、生産現場では「３Ｋ」の撲滅を目標に改善活動に取り組んできました。３Ｋとは「きつい、きたない、キケン」な作業のことです。ロボット導入による自動化の目的は、効率を上げることより、作業者の３Ｋをなくすことを最優先に考えていました。コスト低減を優先すべきという先輩もいましたが、現場で働いている人に危険な仕事、きつい仕事を続けてもらうことは大問題だと思っていたからです。

一方、オフィス業務を見てみると、非常に面倒な仕事、エクセルの計算を繰り返すようなマンネリ作業、すごく気を遣う割に少し間違えると大目玉となってしまうような仕事があふれています。私はこれを「３Ｍ」と呼んでいます。「面倒」「マンネリ」、そして「ミスできない」作業です。

まずはこうした３Ｍ業務をデジタルの力で自動化し、オフィスワークからストレスを取り除くことを社内デジタル革命の第１ステップとしました。ＲＰＡ（ロボティック・プロセスオートメーション）というソフトウエアのロボットやＡＩ（人工知能）、ローコード／ノーコードツールを活用し、人とデジタルが共生することで、人はより創造的な仕事にシフトすることを目指したのです。

ＲＰＡは国内外で約50社に導入し、約３０００の業務が自動化されました。毎月３５０人月を超える工数が削減できました。単に工数削減ということだけではなく、週に1回しかないものの、大変な神経を使う仕事をロボットに置き換えたことでストレスから解放された、というような事例もたくさん生まれました。

社内デジタル革命で大切にしたことがあります。

まず、現場の課題は現場で解決するということです。何が課題なのか、その課題をどう解決するとよいのかも、一番理解しているのはそこにいる現場の社員です。ＲＰＡをはじめとするデジタルツールの使い方を現場の社員に学んでもらうことで、それぞれの課題解決を自ら実践できるようにしました。

そしてもう一つは、これまでの業務プロセスをいきなりロボット化するのではなく、まずはプロセスを見直し、できるだけシンプルなプロセスに変えてからロボット化するようにしたのです。決して、やらなくてもよい作業をロボット化することのないように注意を払いました。

自分たちのデジタル革命の成果発表と、お互いに学び合う場である社内イベント「オープンカレッジ」も開催した（2019年3月）

プロセスを見直すなかで必要のない作業も明らかになります。こうして現場のことが分かっているからこそ実現できたプロセス改善により、単に人がやっていた作業をＩＴ化するのとは異なる、魂のこもった優れたロボットがたくさん誕生したのです。

自分たちの手で自分たちの業務が効率化されたことに、やりがいを感じた社員もたくさんいました。さらに、業務の効率化でより創造的な仕事へとシフトできる人が増えることを目の当たりにすることもできました。そうした好事例を積極的に全社に発信することで、改善の輪はどんどん広がっていきました。期待通り、社内デジタル革命はズバリ社員一人ひとりの働きがいにつながっていったのです。

社員が自ら挑戦できる環境をつくる

社内デジタル革命によって業務の効率化が進みましたが、管理職の皆さんには、「効率化によって創出した時間に他の仕事を入れることはやめてくれ」と伝えました。せっかく自分たちが頑張って業務を効率化したのに、そこに新たな仕事を入れられたら改善のモチベーションが続きません。

そのようにお願いしたのは、管理職の皆さんには、自律的に仕事をする社員に対して、成長に向けた支援をしてほしいという想いがあったからです。社員一人ひとりのワークライフ・マネジメントを根づかせるのと同時に、マネジメント改革も進めたいと考えました。

社員が自分で創出した時間を「自らを磨く時間や次の新たな挑戦」のために活用してもらえれば、さらに社員の働きがいにつながるはずです。

そこで、自らを磨く時間や次の新たな挑戦を後押しするための施策も用意しました。

その一つが「社内副業制度」です。勤務時間の最大20%までを社内の他の業務に関わることができる制度です。人事部門への申請などは不要で、自身の部門長と副業先の部門長の了承があれば始められます。

では、新たにやってみたいビジネスアイデアがある場合はどうするか――。

実際、そうした前向きな声も上がってきました。そこで、このような社員の想いに応え、会社にいながら起業にチャレンジできる制度として、２０１９年に「ＴＲＩＢＵＳ（トライバス）」というアクセラレーター（起業促進）プログラムを始めました。ビジネスコンテストでアイデアが高く評価されたら、発案者はそのプランを実現するためのプロジェクトにアサインされます。そして会社はそのプランの事業化を支援するというものです。

ＴＲＩＢＵＳを開始した初年度には「社内外」から２１４ものビジネスプランの応募があり、13のプランを採択しました。その後もこのプログラムは続いていて、採択されたプロジェクトは事業化や事業拡大に向けた挑戦を続けています。今年で6年目に入っていますが、これまでの総公募テーマ数は１２１４件、そして実際に社長直属で活動し

TRIBUSのビジネスコンテスト。参加者たちは思い思いのアイデアをプレゼンし、社内外から集まった審査員が評価していく

ている事業化プロジェクトは延べ16となっています。

今では、多くの企業や組織が新しい事業のアイデアを募り、そこからのイノベーションを支援する取り組みを進めています。リコーのTRIBUSもその一つですが、他にはない特徴があると自負しています。

事業のテーマは「リコーの既存ビジネスと関係がなくてもいい」としました。従来のオフィスに限らず、「働く人がいるあらゆる場所や空間＝ワークプレイス」を対象とし、リコーが得意とする「イメージング領域」にとどまらず、社会課題の解決を目指すものであれば領域に縛りはありません。

さらに、初年度に「社内外」から214の応募があったように、事業アイデアは社内に限らず、社外からも募ることにしました。リコーグループ社員だけでなく、社外のスタートアップの方々にも参加してもらい、社内の挑戦者たちと社外の皆さんとが交流し、刺激し合える場としました。

スタートアップの方々も、ビジネスコンテストを突破すれば、事業成長のためにリコーのリソースを使えます。加えて、プロジェクトを応援し、会社のリソースを使うためのサポートをする役割として、「カタリスト（Catalyst）」と呼ばれるプロジェクトの伴走メンバーを社内から募集することにしました。

ビジネスコンテストの審査員は、社内より社外の方が多い構成にしています。なぜなら、私たち社内審査員だけだと経営会議さながらになり、偏った判断になることを懸念したからです。このプログラムを開始した年から、社内の3人、社外からの6人で審査しています。

ある社外審査員は、ありがたいことにこれまですべてのビジネスコンテストの審査員を買って出てくれています。

リンダ・グラットンさんに教えてもらった

応募者も審査員も社内に限定しなかったのは、社外の方々との他流試合を通じて社員にできるだけ刺激を受けてもらいたいと思ったからです。実は2013年に、英国の組織論学者、リンダ・グラットンさんに指摘されて気づいたことでした。

それは私が初めての本社勤務にようやく慣れてきた頃のこと。当時、リコーの本社は東京・銀座にあり、私は毎朝、東銀座の駅を降りて本社に向かうのが憂鬱でした。それまで海外の生産現場が長かった私にとって、本社の総合経営企画室は想定外の部署でしたし、自分の居場所ではないのではないかとも感じていました。

それでもなんとか、リコーという会社全体を知ろうとしたり、仕事や働くことについて自分なりに勉強したり、必死で自身のすべきことを模索していました。そのときに出合った一冊が『ＷＯＲＫ ＳＨＩＦＴ』（プレジデント社、２０１２年）でした。

この本を読まれた方もいると思いますが、仕事は「生きるための糧を得る手段」という考え方に疑問を投げ掛け、人は今以上に仕事にやりがいを求めるようになると指摘されていました。この本に、私は深く感銘を受けました。

ある日、この本の著者であるリンダ・グラットンさんが初来日し、講演すると聞いて、私はすぐに申し込み、運良く席を確保することができました。

彼女の講演の第一声は、「東京って日本人ばかりですね」でした。「本日のオーディエンスは、ほぼ男性で同じ服装（スーツ・ネクタイ）をしているのね」とも。

その後、日本のダイバーシティについての鋭い指摘など、盛りだくさんの講演の後、質疑応答の時間がありました。私は手を挙げ、新規事業の興し方を聞いてみました。

私の質問に対し、リンダ・グラットンさんは「どこで働いているのか」と逆に尋ねるのです。銀座にあるオフィスだと説明すると、彼女から「毎日、同じ電車でそのオフィスに向かい、同じメンバーと議論していませんか」と再び質問で返されました。その通りでした。「それではイノベーションなど生まれませんよ」というのが、彼女の答えでした。判を押したような日常を繰り返し、これといった刺激を得られていない私の働き方では新規事業を興すなど無理だと指摘してくれたわけです。ＴＲＩＢＵＳへの参加資格を社内に限らなかったのは、こうした経験があったからです。

ＴＲＩＢＵＳで下着ビジネス⁉

先にも触れましたが、募集する事業テーマは「リコーの既存ビジネスと関係がなくてもいい」としました。中には、インドの女性向けの下着を開発し、現地生産することでインドの農村部の雇用を創出するというアイデアもありました。１回目のＴＲＩＢＵＳのビジネスコンテストでのことです。

他の有力候補として、ＶＲ（仮想現実）を活用した現場のデジタル化や、２次元と３次元のプリンティングの中間的な２・５次元のプリンティング技術を活かした事業、わずかな水の流れでも発電できる水力発電システム、小型でリモコンのように操作できるプロジェクターなど、いかにもリコーらしいビジネスアイデアがたくさんありました。そんな中で、インドの下着開発という提案は異彩を放っていました。

アイデアについては、リコーの事業との関係は必要ないとしたのに、その審査メンバーとして参加していた私は、ついつい経営者として「既存ビジネスとシナジーが得られるだろうか」と考えてしまいます。

そんな私に、ＴＲＩＢＵＳの立ち上げを手伝ってくれた外部の方がアドバイスをしてくれました。経営者目線で評価をしてしまうと、従来の新規事業提案会となんら変わりがないというのです。「どんなアイデアでもいい」と言った募集時の言葉が嘘になってしまいます。もっともな指摘に納得しました。

このプロジェクトは見事採択され、インドでの雇用創出に向けた挑戦を始めました。コロナ禍ということもあり、インドの女性用下着から日本女性のヨガウェアにプロダクトを変えるなど試行錯誤を重ねました。残念ながら3年間で黒字化という事業化の条件はクリアできませんでしたが、アパレル系企業にブランド譲渡ができて、新しい会社で当初の想いを引き継いでもらい、事業成長への道をつなぐことになったのです。

この後も、「TRIBUS」は進化し続けています。

例えば、2021年3月にTRIBUSの起業家賞を受賞した立体投影装置「WARPE（ワープイー）」のプロジェクトは、翌年にブライトヴォックス（東京・渋谷）として会社を設立、同年7月には経済産業省が実施する「出向起業等創出支援事業」に採択されました。

WARPEは現実空間に全方位映像を映し出せる立体投影装置を開発し、イベント会場や店舗、ショールームなどで活用してもらうことで、新しい顧客体験を生み出すことが期待されています。

また最近では、TONOME（トノミー）というプロジェクトが、2024年7月から出向起業として新会社を設立しました。このプロジェクトでは、ワークアシストツールを提供しています。これは、チームの目標からタスク管理、スケジュールまでを一気通貫でサポートし、それらの情報を一緒に働く仲間にオープンにすることでコラボレーションを容易にするというものです。

利用するメンバーは、TONOMEにより時間を意識しながら、内省が適切にできるため、セルフ・コントロールの向上に役立ちます。一方で、管理職にとってはメンバーの業務把握に関わる時間を低減し、新たに創造的な活動への時間を増やすことを支援するというツールです。この事業は、多くの働く人のサポートができると期待しています。

TRIBUSは軌道に乗り、社員からの提案も、自然と企業の成長を見据えた企画を出してくれるようになってきました。そこで今では、これまで同様に領域を制限せずに事業ビジネスアイデアを募集する他に、リコーが今後の成長に向けて強化する領域での特定テーマも設定し、アイデアを募っています。

コロナが突きつけた本質的な問い

コロナは常識や前提を変えた

少し話は戻りますが、働きがい改革を進めていくなかで、新型コロナ感染症が引き起こした変化は全く予想できない突然の出来事でした。このコロナが経営に及ぼした影響は大変大きなことでしたので、ここで改めて少し触れておきたいと思います。

これまでも述べてきたように、働き方が変わっていくことは想定していました。しかし、緊急事態宣言が発令され、外出が大幅に制限され、会社に行くこともままならず、人が動かずに、情報とお金と物が動く経済活動となったことは驚きでした。今思えば、

コロナ禍で自宅からオンラインで仕事をした。今もリモートワークがある。オンライン会議は皆が並列になっていい

さながらコロナによって強制的に社会実験をさせられたようでもありました。コロナはこれまでの常識をいとも簡単に覆したのです。

リコーではそれまで、リモートワークをする場合に上司に事前申請する必要がありました。それがコロナにより緊急事態宣言が発令されると、やむを得ず会社に行く場合に社員が上司に「出社申請」しなければならないと、180度変わったのです。

前例や常識にとらわれずに考えてみることで、改めて気づくことがたくさんありました。それまで生産拠点ではリモートワークはできないというのが一般的でした。

一つひとつの業務を見返してみると、できることはたくさんあります。生産工程の監視業務などは、もともと工場の敷地内にはいるものの、オフィスで業務を遂行しています。この業務であれば、出社せずとも自宅から各種センサーを通して生産ラインを監視し、何か異常があれば現場の担当者と連絡を取り合い対処することでリモートワークが可能となりました。

働き方は職種ごと、部署ごと、そして一人ひとりで異なるはずです。たとえコロナが収まったとしても元の働き方には戻さないという決意をしました。「ニューノーマル（新常態）」に対応した新しい働き方を自分たちで積極的に実践し、お客さまにもそのノウハウを提供していければ、新しいビジネスにもつながります。

ちなみに私は、リモート会議はフラットな場となるので本当に良いものと思っています。コロナ前に本社の大会議室でやっていた経営会議では、私の席は決まっていて、報告者がその対面に座ります。無言のプレッシャーを報告者に与えるような格好になっていました。リモートだと席という概念がないため、対面だと緊張していてあまりしっかり話せないような人も、堂々と自分の意見を話してくれます。便利なうえに立場がフラットになるのです。圧倒的にいいですね。

２０２０年8月には、ニューノーマルへの対応として、在宅勤務などリモートワークを新しい働き方として標準化するガイドライン「Ｍｙ Ｎｏｒｍａｌ」を発行しました。ガイドラインはあくまでも目安ですが、一人ひとりが自分の仕事や生活に即した「Ｍｙ Ｎｏｒｍａｌ」の働き方を見つけてほしいという想いを込めました。

同年10月からは、リモートで自律的に業務が実施できる場合は、対象社員や日数の制限なくリモートワークができるように人事制度そのものを変更しています。会社は働き方の選択肢を提供し、社員が自律的に働き方を選択することを求めたわけです。

翌２０２１年には、さらに一歩進め、「Ｏｕｒ Ｎｏｒｍａｌ」という名で働き方に関するガイドラインをアップデートしています。

職種や業務に応じて、在宅勤務やリモートワークを上手に活用し、それぞれが最適な働き方を選択できるようになった一方で、チームとしてパフォーマンスを最大化するためには、リアルなコミュニケーションをうまく取り入れることも必要でした。

そこで、チームごとに出社日を決めて対面で議論する時間を定期的に設けるなど、「組織の機能を充実させるための働き方」「チームとしてパフォーマンスの最大化を図れる働き方」を組織ごとに選択可能とすることで、誰も孤独を感じたり、組織から取り残されたりすることがなく働きがいを実感できる環境をつくっています。

入社式では新入社員全員と言葉を交わす

「人や組織は形状記憶合金のようなもの」だと思っています。テンションがかかっているときはその形を維持できますが、テンションが緩まるとすぐに戻ろうとします。

世界は、コロナによってたくさんの本質的な問いを投げ掛けられました。例えば、「その定期的な会合は集まらないとできないのですか?」「何を目的に集まっているのですか?」といった問い掛けです。

私はこれをチャンスとして、本来の仕事の狙い・目的を再確認し、やり方を工夫したり改善したりしてきました。国内外でいろいろなアイデアが出て、実行してくれました。

私は、コロナ禍を働きがい改革と事業転換に必要な人材を育てる機会としても捉えていました。そして、ここで得たものを一時的なものとしないように、制度化し、カルチャーとして定着させることが大事だと考えました。

コロナによって変えたものの一つに入社式があります。

それまで行っていた一般的な全体集合型の入社式を、2020年からは、新入社員一人ひとりと社長(2023年からは会長も)が1on1で直接話す「個別入社式」に変

個別入社式の様子(2021年度)。コロナ禍で始まったが、今でも続いている。時間はかかるが、これが本来の入社式だと思っている

えたのです。

コロナ禍で入社式をオンラインに切り替える企業が多く、リコーもオンラインで開催したいという提案が人事部門からありました。そこで私は、入社式は誰のためのものか再確認しようと担当者に提案しました。その担当者と私は議論し、たどり着いた結果はこうです。

入社式は、学生から社会人になった皆さんに「おめでとう」というお祝いを伝える場であり、リコーに入社してくれて「ありがとう」という感謝の気持ちを伝える場でなければならないということ。つまり、短い時間であっても新入社員一人ひとりにその「お祝いとお礼」を直接

伝えることが、入社式の本来あるべき姿であり、そうすべきだという結論でした。

確かに大勢の社員が入社する企業で個別入社式を執り行うのは大変なことです。新入社員を一堂に集めて社長が訓示を述べるほうが効率的です。ですが、これは開催する会社側の都合ではないか、主役である新入社員の立場で考えたものではないのではないか、と考え直したわけです。

このように、コロナによって本来のあるべき姿について考えさせられることがたくさんありました。

自律型人材こそが未来を切り開く

適材適所ではなく「適所適材」

2020年3月、リコーは「OAメーカーから脱皮」し、「デジタルサービスの会社へと変革」することを宣言しました。これを宣言する前にどのようなことがあり、どのような想いで決断をしたのかは後述しますが、私たちがデジタルサービスの会社へと生まれ変わるためには、求める人材像も制度も変える必要がありました。その一つが「リコー式ジョブ型人事制度」の導入です。

リコーを含む、過去の日本の製造業では、決められた仕事を指示通り、きっちり遂行することが求められてきました。大量生産・大量消費の時代には品質の安定が必須であり、これがそれにふさわしい働き方だったからでしょう。

一方、デジタルサービスの会社では、お客さまとの接点で自律的に課題を解決する人材が求められます。顧客のニーズが多様化していくなかで、お客さまと共に素早く価値を創造し、提供していく必要があるからです。そのために、社員一人ひとりがお客さまとの接点やそれぞれの現場で当事者意識を持って働き、会社は自らの仕事に能動的に取り組む自律型人材を正しく登用し、評価することが重要になってきます。

会社は社員に成長する機会を与えつつ、社員は自律的にチャレンジし、実力を磨いた人材が活躍できる。これを実現するのがリコー式ジョブ型人事制度です。

従来のいわゆるメンバーシップ型の人事制度と異なり、新制度では、戦略に沿って設計したそれぞれの組織がしっかり機能するための人材のあるべき姿を決めます。そこに実力と意欲がある最適な人材がアサインされることが重要です。つまり「適材適所」ではなく、いわば「適所適材」が必要であると考えました。

この章の冒頭でお伝えしたように、私は社員のモチベーションが会社の最大の宝だと信じています。

ジョブ型の人事制度導入は、デジタルサービスの会社として求められる人材が活躍できることを狙っていますが、同時に社員のモチベーションを高めることも狙っているのです。そこには過去の実績にとらわれず、今の意欲と実力を基準とし、失敗しないことより挑戦することを評価する仕組みや制度で、社員のやる気を高めたいという想いがありました。年齢も性別も国籍も関係ありません。誰であってもやる気がある人、自律的に働く人を支援したいと考えました。

社員のモチベーションの高さが、会社の大きな宝となり、会社にとっても社員にとっても成長の原動力となるはずです。そんな想いから、リコー式ジョブ型人事制度の導入を決めました。

ジョブ型人事制度を成功させるカギ

今、多くの会社がジョブ型の人事制度の導入に挑戦していると思います。ジョブ型人事制度は、海外では一般的です。リコーでも、日本を除くエリアでは以前からジョブ型制度を採用してきていましたが、日本でもジョブ型人事制度を導入することにしたわけです。ちなみにジョブ型の前に「リコー式」と入れているのは、海外での一般的なジョブ型ではなく、日本そしてリコーになじむような形にアレンジしているからです。

終身雇用に代表される日本的な経営においては、ジョブ型人事制度を導入し運用することは難しいと言われてきました。これを成功させるためには「このように変わってほしい」あるいは、「こんな動きを自社は奨励する」というメッセージを共有したうえで、次の3要素が重要であると考えました。逆に言うと、その準備ができないと導入はできない、とまで考えていました。それは「仕事の見える化」「人材の見える化」「コミュニケーション」です。

「仕事の見える化」では、まずポジションごとにジョブディスクリプション（職務内容を記述した文書）を明確にします。このポジションには、どのような役割や機能、能力が求められ、どのような権限が与えられ、責任が課されるかを会社が社員に対して明確に伝えることです。そのうえでチームの目標設定と個人の目標も明らかにします。

ポジションの役割や職責が明確になることで、社員自身は、目指したいキャリアを自ら考え、必要なスキルや能力を獲得するために、自発的なアクションを取ることができるようになります。つまりキャリア自律を促すことにつながるのです。

一方で、社員にキャリア自律を求めるだけではなく、会社側も社員一人ひとりのことをもっと知る必要があります。それが、「人材の見える化」です。出身地や学歴、家族構成といったことは会社も分かっています。しかしながら、社員が現在何をしたいと思っているのか、どのような経験を積み、将来どのような仕事をしたいと考えているのか、どのように世の中に貢献したいのか、どんな人生を送りたいのか。こうした内容については、会社は知らないのではないでしょうか。

そこで「人材の見える化」では、社員一人ひとりのスキルや個性、およびキャリア志向を登録できる人材マネジメントシステムを導入し、実際に社員に自身のキャリアの棚卸しやキャリア志向、自分は何に興味があるのか、自分の人となりなどの登録をお願いしました。

社員には正直に自分の想いを書いてほしいので、記載された内容を人事評価には連動させない、というのがこのシステムの運用ルールです。既に8割を超える社員が入力してくれています。

話が少しそれますが、会社は社員のことを知らないという不満は、実は私自身が入社したときから抱いていたことです。

入社したときに配属希望を聞かれ、私は人事本部と経営企画室、国内販売部を希望したのですが、配属されたのは資材部でした。

希望がかなわないのなら、なぜ希望を聞くんだろうと思っていました。それ以降もたびたび人事異動がありましたが、入社時に配属希望を聞かれて以降は、何をしたいのか、将来どうしたいのかという話は結局一度も聞いてくれませんでした。

それでもなんとか頑張ってこられたのは、私が入社して間もない頃、自ら企画した「座禅研修」を通して出会った静岡県沼津市にある大中寺の27代目住職、下山光悦和尚から「大地黄金」という言葉を聞いたからです。これは禅の言葉で、「光り輝く場所を探すのではなく、今いる場所を自分自身で輝かせる」という意味です。この教えがあって、腐らずにまずはできることを頑張ろうと思い、今に至っています。

また本論に戻ります。

人材マネジメントシステムへの登録を基に人事異動を決めた事例も生まれています。「神山まるごと高専」をご存じでしょうか。高専とは、中学校卒業後に通う5年制の高等教育機関です。起業家たちによって2023年に、高専としては19年ぶりに設立され

神山高専のリコー奨学1期生（前列4名）とリコーから派遣したリーダー（後列左端）

ました。

リコーは徳島県神山町にある、この「神山まるごと高専」のスカラーシップ（奨学金）パートナーになっています。学生の家庭の経済状況が学ぶ機会の不公平を生むことを危惧して、学費無償化を実現しています。リコーもそれに賛同した1社です。さらに「モノをつくる力で、コトを起こす人を育てる」という教育方針がリコーの人づくりポリシーにも相通じていたことに共感。現在各学年４人ずつの奨学生を支援しています。

ただ、その支援を任務とする社員を選定することについては悩みました。これはリコーにとって新しい試みだからです。

当然ながら、学生たちと一緒にプロジェクトを進めるといった仕事を経験したことのある社員はいませんでした。

では、誰にやってもらうのがよいのか——。ここで「適所適材」を試してみることにしました。人材マネジメントシステムで、社会貢献、それも次世代育成に関心がある社員数人を選び出し、そのなかで強く希望した社員に推進リーダーになってもらいました。

もう一つ大事なことは、上司と部下の「コミュニケーション」です。これがスムーズにできないと、仕事のアサインや評価で特に部下のほうに不信感が生まれます。そこで、上司と部下の1on1ミーティングを定例で実施することに加え、上司に1on1のやり方などを指導する研修を実施しました。ここでは、オープンな社風づくりを進めてきたことも役に立ちます。

この重要な3要素「仕事の見える化」「人材の見える化」「コミュニケーション」が整ったことで、リコー式ジョブ型人事制度導入に踏み切りました。

もちろん、新しい人事制度の運用が始まると、疑問や違和感、ときには不満も生じます。それらを解消するためには、上司・部下が1on1を通じてお互いを理解し合うことや、「将来どんな仕事がしたいのか」「その仕事がしたいのであればこういう経験やスキルも必要では」という会話が成り立つことが大切です。

並行して、役員と社員のラウンドテーブルなども重ね、会社と社員が相互に理解を深めることが大事なのです。これらができて初めて社員が自律的に行動した結果がしっかりと評価される仕組みづくりが可能になります。

ここで注意しておかなければならないことは、会社と社員との対等な関係を構築することが前提となるということです。上司・部下とは言いますが、そこに上下関係はなく、お互いの立場を理解し合って協力し合う関係を構築することが求められるのではないでしょうか。

管理職は支援職へ

会社は社員に対して働き方の選択肢を用意し、成長する機会を提供するべきです。一方で社員は仕事のプロであり、アウトプットに厳しくなければなりません。

リコーでは「行動しない人は評価しない」と言っています。失敗を恐れて何もしない人よりも、たとえ失敗したとしても挑戦する社員のほうが評価されるようにしたい。会社と社員は対等な立場であるからこそ、緊張感のある関係でなければならないわけです。

そのためにも私は「当事者意識のない社員にとって、居心地の良い会社にはしない」というメッセージを送り続けています。

とはいえ、社員が頑張って出したアイデアがすべて成果につながるとも限りません。うまくいかないこともあるでしょう。仕事に限らず人生は、なかなか思った通りにはいかないものです。だから、仕事をするうえで失敗を恐れる必要はないのです。

行き当たりばったりの結果の失敗は困りますが、私は社員に「真面目な失敗は歓迎します」と約束しました。挑戦する価値があると思ったことには挑戦すべきですし、それが結果的に失敗だったとしたなら、その責任はトップが取るべきです。

もはや会社が社員を「使う」という時代は終わっています。会社と社員が対等な時代であると言えるでしょう。

では、「会社と社員は対等な関係になる」と上司と部下の関係はどうなると思いますか？――

今の管理職は大変だと思っています。特に中間管理職は負荷が大きくなっています。それは管理職の役割と期待が変わってきたからです。

経営陣は管理職を通じて社員への期待を伝えようとし、社員は直接的には経営層へ伝えられない想いを管理職に託します。中間管理職は会社内で重要なつなぎ役としての役割が求められてきました。そこに、コンプライアンスの強化や多様性の尊重など、昨今の課題が重なってきているため大変なのです。管理職は常に新たなスキル習得をしなければなりません。

コロナ禍以降、人の働き方が大きく変わる中、私は社員に対し「管理職は支援職であれ」と言っています。

社員が自律的に仕事に向き合うようになったとき、管理職は何をするのか。それは、変化の著しい時代にあってもはや通用しなくなっている「こうやればうまくいく」「こうしろ」と過去の成功体験を押し付けるのではなく、はたまた「何時間残業している」「どれだけの売り上げを立てている」と管理するのでもありません。「これをやりたい」という社員を支援し、「やってみたいけれど失敗したらどうしよう」と思っている社員の背中を押すことだと言っています。

管理職は、社員の内側からあふれる情熱を外へ外へと導きながら、抽象的なアイデアを具体化し、着実に進められるように支援するのです。とにかく管理職は、「メンバーがやりたいことややるべきと考えたことを自ら実践することができ、しかも、そこに然るべきアウトプットを出す」ことを、社員と一緒に推進していく役割を果す必要がありま す。これは、今の時代に求められている管理職の本質的な変化と言えるでしょう。

コロナ禍によって仕事はオフィスでするものという概念は吹き飛びました。これまで目の前にいたメンバーがいなくなり、働いている姿が見えなくなったのですから、このときの管理職の戸惑いは特に大きかったでしょう。

働き方が変わった今、管理職には、もう一つ大事なことを伝えています。

管理職はメンバーを「きちんと働けているか」「残業しすぎてはいないか」と、見えないところにいるメンバーのことを「心配（しんぱい）」するのではなく、「信頼（しんらい）」しようと言っています。つまり、「ぱ」から「ら」へのマネジメントの転換＝「ぱらダイムシフト」が必要だということです。

社員のキャリア形成に関しては、一番身近で人材育成に携わるという立場が上司にはあります。ですから、部下の相談に乗ったりアドバイスをしたりする役割も引き続き求められます。

それも多様な社員一人ひとりを支援しなければなりませんから、管理職自身が相当幅広い経験と知見を持つことが重要になってきています。支援するスキルが必要なのはもちろん、ビジネスの現場で学び続けなければ支援職は務まらないのです。

管理職に対しては、難しい役割に対応するスキルを磨いてもらうために、継続的に集まって学ぶ「マネジメントカレッジ」という仕組みも設けました。先ほど少し触れましたが、過去の成功例はほとんど通用しないという時代になってしまいましたから、管理職は成功体験を自慢するより、失敗体験を語り次に活かすリーダーになってほしいと思っています。

矢継ぎ早に働く環境を変えてきた理由

私は、社長になってからも、できるだけ多くの社員と直接向き合ってきました。会社が変革期を迎え、リコーの目指す方向をトップ自らの言葉で直接示すことで、変革の主役は社員であることを伝えたいと考えたからです。

社員の自律的な行動が会社の未来を切り拓いていくことを社員一人ひとりが理解・共感してくれれば、実際に行動する社員が増えて良い会社になると信じていましたし、実際にそうなりつつあります。

ここまで述べてきたように、会社の宝とは社員一人ひとりのモチベーションであり、その宝を磨くには、「リコー式ジョブ型人事制度」や「会社と社員の新しい関係の構築」「多様な働き方」「社員自らが業務を効率化し、生まれた時間をチャレンジに使う」など、さまざまな手法、制度、企業文化の変革があることを考え、実践してきました。

第2章

〝はたらく〟に歓びを

人は人にしかできない創造的な仕事を

リコーは何を提供する会社になるか

2017年に社長に就任し、まず何に取り組むべきかを考えました。第1章では、リコーで社員がイキイキとモチベーション高く働くためにどうすればいいのか考え、実行してきたことをお話ししてきました。この章では、リコーの事業そのものをどうするか、考え、進めてきたことに触れていきたいと思います。

リコーの事業について考えるにあたり、少し先の未来を想像し、そこからバックキャストであるべき姿を考えてみることにしました。

見据えたのは２０３６年です。リコーはこの年に創業１００周年を迎えます。そのときリコーはどのような価値を提供する会社になっているのかを考え、今をそこに向けた礎を築く重要な期間であると位置づけました。

そして、２０２０年に「２０３６年ビジョン」として策定したのが「〝はたらく〟に歓びを」でした。

リコーは、「はたらく」にずっと寄り添って事業を展開してきました。お客さまに寄り添ってきた事業とは、ＯＡ（オフィスオートメーション）を通して、お客さまの仕事を楽にするとか、便利にするとか、効率化するといった事業です。そこでこの先を、もう一歩踏み込んでみました。

この「はたらく」という時間が、楽になるというだけでなく、多くの人々にとって、「幸せを感じる時間になっているか」との思いを巡らせました。自分の仕事に誇りを持ち、いつも楽しく仕事ができている人は少ないのではないか、と思ったからです。

働く人にとって働く時間は、１日のおよそ3分の1が費やされています。「はたらく」を事業ドメインとする私たちがなすべきことは、働く人を支えていくことなのではないか、働くことから生まれる歓び、ここからしか生まれない歓びを働く人に感じてもらえる、そのお手伝いをする。そんな会社になることが使命なのではないか、という考えに至りました。

「はたらく歓び」とは、人が「はたらく」を通じて、「充足感」「達成感」「自己実現」を感じることだと私は考えています。そしてそれは、人ならではの創造力が発揮されたときに得ることができるのではないでしょうか。

そこでリコーの将来像を、「〝はたらく〟に寄り添い変革を起こし続けることで、人ならではの創造力の発揮を支え、持続可能な未来の社会をつくることに役立つ会社になっていく」としたのです。

ＯＡで目指したもの

リコーは１９５５年に国内初の卓上型ジアゾ湿式複写機「リコピー１０１」を発売し、事務機市場に参入して以来、半世紀以上にわたりお客さまの「はたらく」に寄り添い続けています。

リコピー１０１は、当時工業用として活用されていた大型装置とは異なる独自方式を

リコーが1955年に発売した複写機「リコピー 101」。当時のオフィスでの手書きの写し作業が大幅に軽減された

採用して、オフィスの机上で使えるように小型化を実現した機械です。1分間に5枚相当の複写が可能となり、事務文書や伝票の複写が手軽にできるようになりました。このため、事務の効率化を妨げてきた手書きの写し作業が大幅に軽減されました。

1977年には業界で初めて「OA」を提唱しています。今は普通に使われている言葉ですが、実はリコーが言い始めたということをご存じない方も多いかもしれません。複写機の後も、リコーは、ファクシミリやワープロ、そして現在の複合機など、事務機器の発展を通して、オフィス業務の効率化や生産性向上に貢献してきたと自負しています。

ＯＡを提唱した頃の広告があります。そこはこんなコピーが書かれています。「機械にまかせられる仕事は機械にまかせて、そのぶん人間にしかできない仕事を大切にしたい」。

1977年、リコーが「OA」を提唱した頃の広告。このときも、社会に対して新しい働き方を提案した

ＯＡ機器の活用により人々を事務作業から解放し、考える時間を取り戻すことで、人が創造力をフルに発揮する新しいオフィス、新しい働き方を追求しようという考えです。

では、リコーが創業１００周年を迎えたときに社会に対してどのように役に立つことができているのか。その答えを探すに当たり、私たちはまず、２０３６年に〝はたらく〟がどう変わっているのかを考えるところから始めました。

働く時間のなかには、単純作業が中心となるような仕事（Ｔ＝タスク）に充てる時間と、創造力を要する仕事（Ｃ＝クリエイティブワーク）に充てる時間に大きく分けられると思います。

未来では、限りある働く時間のなかで、タスクをいかにそぎ落とし、クリエイティブワークに費やせる時間をいかに確保するかが働く人の「最大の関心事」になると考えました。クリエイティブワークに充てる時間をより多く提供できると、より多くの付加価値を生み出せるというわけです。

ここに私なりの仮説があります。

■仕事の中身は2つに分かれる

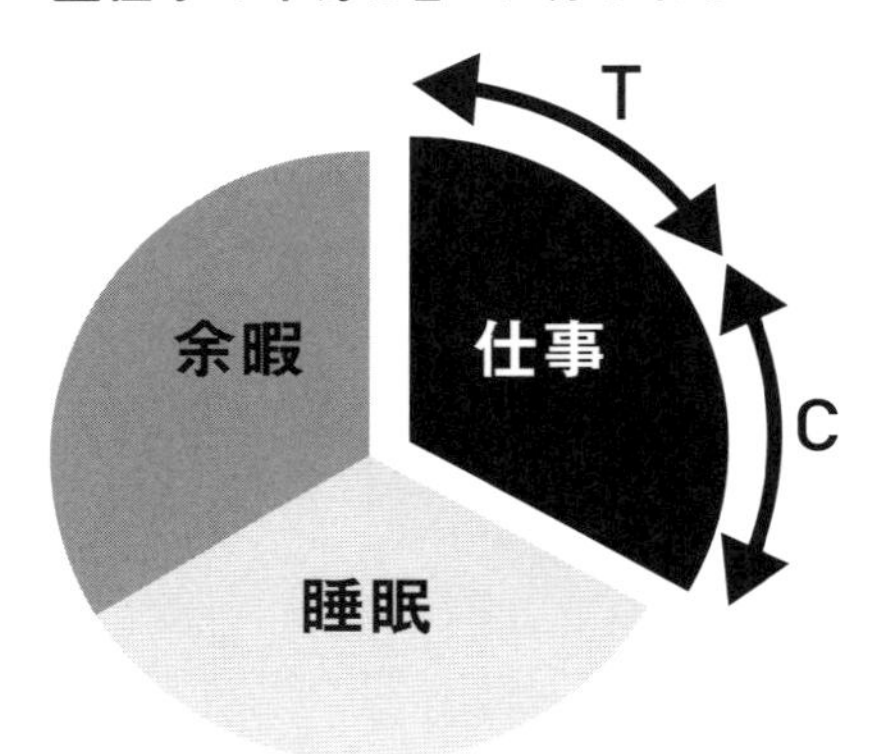

仕事の時間は、単純作業が多いタスクを遂行する時間と、創造力の必要なクリエイティブワークの時間に分けられる

リコーがお手伝いしてきた業務の効率化や生産性を高めていくというニーズは、この先もしばらくは存在しますが、いずれ限界に到達すると考えています。

というのも、人間の知性を超える転換点といわれる「シンギュラリティ」が近い将来に訪れることが予測されています。ＡＩ技術が加速度的に高度化することにより、機械に任せられる領域がますます拡大することになります。

そのような世界が到来したとき、社会はどうなっているでしょうか。

少し哲学的になりますが、３Ｍ業務であるタスクがなくなりますので、人は創造力で価値を生み出すことが仕事になります。個々の創造力がダイレクトに求められる社会です。

こうなると、例えば、大量の作業を分担していたチーム（組織）の役割は、これまでと比較して薄れてくるはずです。人はそれぞれの専門性を活かしてテーマごとにチームを組み替えて価値を創造することになるため、組織の境目が薄れるのです。そして、働く人のオンとオフの時間も薄れ、働く空間の境目も薄れることになるでしょう。

100歳の次は新しい1歳になる

次の100年を創っていく

では、そのような将来社会において、働く人が価値を生み出すために、リコーは何を提供する会社になるのか。

私は、リコーがOAに込めた「機械にできることは機械に任せ、人はより創造的な仕事をするべきだ」という想いを実現するために、今後は「人にしかできない創造的な仕事」に直接寄与する商品やサービスを提供することだと考えています。もちろん、そのような商品やサービスは今、リコーの中はおろか、世の中にもまだ存在していないでしょう。だからこそ、お客さまの〝はたらく〟に寄り添ってきた私たちが新たな商品やサービスを創り、働く人のお役に立ち続けていきたいと考えました。

人の声や表情までもがデータ化される将来社会において、ＡＩなどの技術の進歩は、人の創造力を促進、喚起していくポテンシャルがあると思っています。そこで、お客さまの未来を常に想像して、今から、創造的な仕事を支える商品やサービスを企画し、仕込んでいく必要があると考えたのです。

リコーは、機械にできることは機械に任せるための商品やサービスを提供すべく挑戦を重ねてきました。「〝はたらく〟に歓びを」はこのＯＡの先にあります。〝はたらく〟の変革をお届けし、人間にしかできない創造力の発揮を通して、生み出される価値を増幅し、はたらく歓びを感じていただくお手伝いをしていきたい。

そんな想いから、２０２３年4月に、リコーの企業理念である「リコーウェイ」を改訂しました。２０３６年ビジョンとして掲げた「〝はたらく〟に歓びを」を、リコーウェイの使命と目指す姿として位置づけることにしました。私たちは創業１００周年を迎える２０３６年には、お客さまが「〝はたらく〟に歓びを」感じるお手伝いができる会社になろうと宣言したのです。

つまり私たちは、「業務効率化や生産性向上を支える会社としての１００年」の先に

「創造力の発揮を支える会社としての新たな100年」を歩んでいく会社になりたい。それが、働く人の歓びにつながると考えるからです。私はこうした想いを込めて、2036年の翌年、2037年には「101歳になるのではなく、1歳に生まれ変わろう」と表現しています。

〝はたらく〟の未来を示した「ワークシフト」

こうしてリコーは、使命と目指す姿として「〝はたらく〟に歓びを」を掲げましたが、そこに至るまでに2つの思い出深い本との出合いがありました。一つは第1章でも少し触れましたが、リンダ・グラットンさんの『WORK SHIFT』です。

私は、2011年4月に、入社以来32年目で初めての本社勤務になったのですが、ずっと現場にいた私にとっては、本社が縦割りの組織だらけに見えました。総合経営企画室長となり、この硬直化した本社の有り様を変える必要があるのではないか、と直感的に思っていました。この本と出合ったのは、そんなときでした。

この本には、2025年の〝はたらく〟未来像が示されていました。働く人はそれぞれに「自分のブランドをつくれ」と。

２００2年までの英国駐在時代、私はバーミンガムから北西へ50㎞ほど離れたシュロップシャー州テルフォードという町にいました。このテルフォードは「産業革命」発祥の地として知られています。町の名所はアイアンブリッジです。産業革命で量産できるようになった鉄を使った世界で最古の鉄製の橋で、設計したのは町の名前の由来になったトーマス・テルフォードです。ここから大量生産・大量消費の時代が始まったのです。

産業革命前まではどこの国でも、その道の匠（たくみ）たちがそれぞれの技能を活かしてモノを作っていました。それが産業革命によって大量生産が進み、仕事が分業化されました。このため、分業された仕事をとりまとめ、うまくマネジメントするジェネラリスト（リーダー）が必要になりましたし、その立場も大きいものになり、地位も高まりました。

『ＷＯＲＫ ＳＨＩＦＴ』には、これからはそれが正反対になると書かれていました。働く人それぞれの専門性が再び強くなると。その理由は、単純作業が機械に置き換わるために、働くことの価値が創造力の発揮へとシフトしていくからだ、というわけです。

確かに、人は今後も大量生産・大量消費を望む、とは思えません。こだわりのないものについては、大量生産された価格の安いものでいいという判断もあるでしょう。しかしながら、本当に欲しいもの、好きなもの、こだわりのあるものについてはどうでしょうか。多少高額でも、誰かと同じではない自分だけのもの、匠が作ったクラフトマンシップあふれるものを、できるだけ長く使いたいと思うのではないでしょうか。

すると、働くことにおいて今以上に必要になるのは「専門職」だと思います。これを作らせたら、これを任せたら、この人が一番だと言えるような、その人に関わる商品やサービス、知見やアイデアが欲しいと指名されるような専門性の高い人材です。

これからは、仕事＝価値創造に関わること、このすべてを自分事にすることが大事だということです。これはもはや生き方変革の時代が来るということと同義だ、と感じました。

人は働くことで幸せになれる

もう1冊が、黒板に文字を書くチョークを製造する日本理化学工業を経営していた大山泰弘さんによる『「働く幸せ」の道』（WAVE出版、2018）です。これは社長になって間もなく、ある社員から薦められて手にした本です。

大山さんのお父様が創業した日本理化学工業のチョーク工場では、多くの知的障がい者がイキイキと働いています。工場内には、知的障がいがある人でも働きやすいようにと工夫がされていますが、知的障がいのある人を雇用し始めた当初は、どうやって仕事を覚えてもらうか、そして働き続けてもらうかに苦労もされていたようです。試行錯誤を重ねながら、大山さんはある結論に至ります。

それは「人は働くことで幸せになれる」というものです。

幸せとは「人に愛されること」「人に褒められること」「人の役にたつこと」「人から必要とされること」で得られるものであり、「人に愛されること」以外の3つは働くことで得られるというのです。それは障がいがあろうとなかろうと、です。

ところが社会に目を向けてみると、障がいのある人が働ける場は限られています。だからこそ大山さんは、知的障がいのある人を雇用し続けてきたそうです。「なるほどな」と思いました。確かに、仕事を通してしか得られないうれしさ、歓びはあります。

その一方で、誰からも「褒められず」「誰の役にも立たず」「必要とされない」で仕事を続けるのは苦痛のはずです。

仕事とは、ある側面では、生活をしていくためにしなければならないものです。ですが、同じだけ時間を使って働くのであれば、褒められ、人の役に立ち、必要とされて働きたいものです。私自身もそうですし、仕事をされている方々は皆、同様ではないでしょうか。

「創造的な仕事」の量と質を高めていく

「〝はたらく〟に歓びを」を実現する商品・サービスを提供

さて、改めて「〝はたらく〟に歓びを」というリコーの使命と目指す姿に話を戻します。これは当然ながら、働く人の内面に目を向けたものです。

これまで社員と接しながら改めて確信したことがあります。第1章でも触れましたが、ベストなパフォーマンスは社員自身が歓びを感じながら働いているときにこそもたらされる、ということでした。これはどの企業であっても同じではないでしょうか。

〝はたらく〟に徹底的にこだわってきた私たちが確信していることは、働く時間を苦しいものと割り切ってしまったその先に歓びは生まれ得ない、ということです。そこで、働く人の歓びの総量が、企業のパフォーマンスの増幅をもたらすことを、私たち自身で証明してみせたい、と考えるに至りました。

ただここで断っておきたいのは、「はたらく歓び」というものは、言われたことに漠然と取り組むなかで得られるものではないということです。自ら課題を見つけ、それを解決するために何が必要かを考え、それを実行するといった自律的な行動が求められます。これは大変厳しいことだと思っています。

ですから、すべての社員にとって優しい会社を志向するというわけではありません。当事者意識を社員に求め、それを持つ社員のベストパフォーマンスを引き出して初めて、その証明ができるはずだからです。

「今後、お客さまに新しいリコーの価値を届けていくために、当事者意識のある社員がベストパフォーマンスを発揮する会社にする」――。いろいろ考えましたが、突き詰めればこのことこそが、私の経営者としての使命であると考えました。第1章でも述べましたが、私は、社員に対して、「当事者意識のない社員にとって居心地の良い会社にはしない」と明確に伝えています。

今リコーでは、「〝はたらく〟に歓びを」の実現に向けて、商品・サービス面でも多様な取り組みを始めています。

例えばデータビジネス。AIの技術も進展し、2024年現在でも機械にできることが相当増えてきました。AIによって、人が考えられないような価値を創造することを支援するサービスを提供していくことも可能になるのではないかと考えています。

どういうときに、あるいはどういう環境があれば、人は日頃からは考えられないような新しいアイデアを生み出すことができるのか、人が創造力を発揮しているとはどういう状態なのかといったことは、まだはっきりと分かっていません。これらのことを科学し、実証し、事業につなげていくことにチャレンジしています。「人にしかできない創造的な仕事」の量と質を高めていくサービスの開発です。

具体的には、リコーの先端技術研究所が人の感覚をデジタル化して働く人を支援する「ヒューマンデジタルツイン」を実現すべく、「歓び」をはじめ、人の知覚や感情をセンシングする技術を開発しようと動いています。さらに新設した「未来デザインセンター」がこれらの技術の事業化を目指しています。

また大学との産学連携や、企業間コンソーシアムとして「はたらく人の創造性コンソ

3Lに設けた次世代会議空間「RICOH PRISM」。会議に参加するメンバーそれぞれのアイデアを引き出し、創造力の発揮を支援する仕掛けを組み込んだ

ーシアム」の設立を進めました。これらによっても「〝はたらく〟に歓びを」を具体化していきます。

2018年に東京・田町に新設し、2024年に品川へ拡大移転した共創拠点「RICOH BUSINESS INNOVATION LOUNGE TOKYO」（以下、BIL TOKYO）には、「RICOH PRISM（リコープリズム）」と名づけた次世代会議空間があります。無機質な壁、単調な照明、機能性最優先の備品、こういった会議室のイメージを根本から覆し、五感に働きかけることで、そこにいる人たちのチームとしての創造的な気持ちを高め、イノベーションを生み出す共創の場という位置づけです。

ＲＩＣＯＨ ＰＲＩＳＭは、本社近くの厚生施設をリノベーションして設けた新しい働き方の実践的研究所「ＲＩＣＯＨ ３Ｌ」で開発しました。ＢＩＬ ＴＯＫＹＯへの設置に続き、お客さまの仕事の現場にも提案することができれば、お客さまのクリエイティブワークをダイレクトに支援できるビジネスの一つとして発展していくのではないかと思っています。

私はＢＩＬ ＴＯＫＹＯエグゼクティブアドバイザーを拝命していますので、もし現地でお目にかかる機会があれば、これまでにないイノベーションの世界をご案内したいと思います。

創造力をもっと身近に

89ページで紹介した「はたらく人の創造性コンソーシアム」は、2023年1月に発足しました。異業種の企業・団体が集まり、「はたらく人の創造性発揮」の支援に向けて、独自の研究や普及活動により社会に貢献していくことを目指しています。

創造力について真剣に考える場が欲しいと考えていた私にとって、この共創の場は待ちわびた存在でした。

2023年9月には、発足以来重ねてきた議論をまとめ「プログレスレポートVol・1」を公表しています。このレポートでは、「創造性とは何か」「その発揮が求められる背景」とは、といったことを取りまとめています。ここではそのうち、「はたらく人の創造性向上に向けた4つの提言」を紹介します。

4つの提言とは以下の通りです。

(1) 私たちは、もっと創造性に注目すべきである

(2) 私たちは、創造性のハードルを引き下げるべきである

（3）私たちは、創造性を向上させる取り組みを拡大すべきである
（4）私たちは、AIを創造性の向上に向けたチャンスと捉えるべきである

提言の（1）は、人材やイノベーション、DXなどに比べ、創造性への注目度が低いことに着目した提言です。もちろんイノベーションも重要ですが、その原動力となるのは、人間の創造性ではないでしょうか。

提言の（2）は、創造性とは決して一部の天才のものではないことを示しています。創造力を発揮することは、それほどハードルの高いことではない。そう思えれば、やってみようという気持ちが生まれやすくなるはずです。

提言の（3）は、掛け声だけでは創造性は高まらないことを意味しています。その重要性が理解できたなら、高めるための具体的な取り組みが必要です。

提言の（4）は、何かと話題のAIをどう捉えるかの指針です。

これらの提言に至った背景や、コンソーシアム参画企業の具体的な取り組みについては、プログレスレポートをご覧いただければと思います。

今、このコンソーシアムは、プログレスレポートの続編公表など、提言を具現化し、

実現可能にする段階へと歩みを進めています。

2024年9月時点でコンソーシアムには運営事務局を務めるリコーの他、AKKODiSコンサルティング（東京・港）、イトーキ、NTTアーバンソリューションズ（東京・千代田）、oVice（石川県七尾市）、ザイマックス不動産総合研究所（東京・港）、JTB（東京・品川）、竹中工務店（大阪市中央区）、パソナ、VISITS Technologies（東京・港）が参画していますが、より多くの企業や個人からのご意見や事例なども常に募集しています。この活動を通じて、創造性をより身近なものにしていければと思っています。

「はたらく人の創造性コンソーシアム」プログレスレポート

第3章

改革は自己否定から始める

「再起動」が必要だった

過去のマネジメントとの決別

私がリコーの社長に就任した2017年、社内には、重苦しい空気が立ち込めていました……。リコーは複合機を数多く販売し、そのアフターサービスで利益を積み上げるというビジネスモデルで成長を続けてきましたが、これだけでは、かつてのような成長はもう期待できなくなっていたからです。

かといって、それに代わるビジネスも育っていません。外部のアナリストからの厳しい評価もあり、社員は仕事へのモチベーションをなかなか高められずにいました。

会社を今一度成長軌道に乗せたいという想いは強くありましたが、まずはそのための足場を再構築する必要があると考えました。そこで2017年度は足場固めに注力すると決め、1月の社長就任会見で「リコー再起動」を掲げました。

社長就任後、初めて開催した4月の中期経営計画発表会では、「過去のマネジメントとの決別」を宣言しました。少し刺激が強い内容だったかもしれませんが、私は本気でした。社内で収益シミュレーションを重ねた結果、これまでと同じような改善努力だけを継続していると、2年後には赤字になるという大変ショッキングなリスクシナリオを現状認識としてお話ししたのです。

過去の事業環境では正しかった経営判断も、事業環境の変化に応じて戦略を転換することが必要です。そして成果を挙げられないのは経営の責任です。

私は2012年には取締役に、2016年には副社長になっていました。ですから、私もその責任を負っていたのは明白です。経営の当事者として、過去の成功体験に縛られずに変革していく必要性を提案できる立場にあったのに、そうできていなかったということです。このときに否定し決別しようとした「過去のリコー」とは、「過去の私自身」でもありました。

私は社長として初めて臨んだこの中期経営計画の発表の場で、これまで培ってきたマネジメントの良さや風土はしっかり受け継ぐ一方で、成長を阻害するような慣習や前例などは、聖域を設けずに見直していくと宣言しました。

再起動前の成長の変遷

それまでのリコーの成長の歴史は、事務機の発展の歴史といっても過言ではないと思っています。主力製品であるオフィス向けの複写機を中心に、ファクシミリやワープロなどのＯＡ機器を提供してきました。国内で全国津々浦々に業界随一の販売・サービス体制を築き、地域密着で全国の中小企業を中心としたお客さまに寄り添い、それぞれの業務課題を解決して生産性向上に貢献してきました。

複写機のビジネスは、お客さまのオフィスにそれを設置したら終わりではありません。紙やトナーといった消耗品の販売と、保守サービスの提供などのサポートを通じて信頼関係を築き、それらアフター収益による売り上げ・利益の拡大というビジネスモデルを確立してきました。

市場での稼働台数を積み重ねることで事業を拡大し、１９９０年度には売り上げ１兆円を突破。１９９０年代半ばからは海外販売チャネルの買収により、国内で確立した収益モデルを海外にも展開することで、さらなる成長を成し遂げました。

複写機のデジタル化、カラー化、ネットワーク化などの技術革新もあいまって、2007年には売り上げ2兆円を突破するなど、着実に事業成長を重ねました。

ところがリーマンショック以降、先進国でペーパーレスへの意識が一気に高まり、利益の源泉となるプリントのボリュームが、北米や北欧などの地域を中心に伸び悩んだのです。

実際に、リコーの売り上げは2007年度の2兆2199億円、営業利益は1815億円でピークを打ちました。2007年度には8・2%だった営業利益率も、2016年には1・7%にまで減っています。こうした状況になった以上、強みを軸に成長事業を選び直し、次の収益源に育てていく事業構造の変革が必要だったのです。

この章の冒頭で述べた通り、見直すべきことは見直し、過去のマネジメントと決別して経営を再構築していく必要がありました。

振り返ると、リコーにはいつの間にか市場規模の拡大を前提とした、これまでの成功体験に基づく「リコーの常識」が浸透していました。これは、成文化されていない暗黙の了解事項となっていた決まり、つまり不文律として会社にはびこっていたということです。それが5つありました。そこで、これらを5大原則と名づけ、まずはこれを見直すことにしました。

常識はいつの間にか浸透し、確立します。さらに自分たちの常識は、他の人から見れば非常識であることは少なくありません。

実は私は若い頃から、常識と非常識の関係を分かっていたと自負しています。端的に言えば、自分が常識だと思っていることは、外から見れば非常識なんじゃないか？と一歩引いて考えること。

これについても、第1章で触れた大中寺の和尚に学んでいます。

私は、座禅会を企画・実施した後も、仕事で辛いことがあると一人でそのお寺に座禅を組みに通っていました。和尚と本堂でただ座っているだけで「つまらないことで悩んでいたな」と穏やかな気持ちになれたものです。このときの和尚との交流で、「非常識」について考えさせられ、驚いたことがありました。「座禅研修」の企画段階で、当時の上司である部長と課長をお寺に連れていき挨拶をしたときのことです。名刺を渡された和尚が、すぐに私を別の部屋に呼び、「部長さんと課長さんはどちらが偉い人なの？」と慌て聞くのです。

和尚は会社で働いたこともなく、出世には興味も関心もなく、社内の上下関係は彼の常識にはなかったわけです。私がビジネスの世界で当たり前と思っていることも和尚にとっては常識ではなかったということでしょう。

私は、この頃から「非日常」という座禅を大切にしています。そして、コロナで経験した「非連続」、まさしく昨日までの在宅申請が突然、出社申請に変わったこと。この非常識、非日常そして非連続の『3つの非』をいつも大切にしながら生きてきました。

市場拡大を前提とした「5大原則」

リコーにあった常識＝5大原則は、「マーケットシェア追求」「MIF（マシン・イン・ザ・フィールド＝市場稼働台数）拡大」「フルラインアップ」「ものづくり自前主義」「直販・直サービス」の5つです。この5大原則に基づく意思決定や事業運営を続けていると、リコーはさらに厳しい状況に陥ると認識しました。

リーマンショックによる急激な需要減もそうですが、既に市場は成熟化しており、市場規模の拡大を前提とした戦略を見直し、利益重視へと戦略を大転換する必要がありました。

一つひとつ紹介します。

まず5大原則の1つ目、マーケットシェアの追求とは、他社よりたくさん売ることです。この頃、リコーは複合機で世界のシェアトップを争っていました。絶対にトップであり続けなければならないという使命感のような気持ちが現場にはありました。では、利益を度外視してまでシェアを確保することが果たして重要なのか？といった基本的なことをもう一度、問い掛けてみる必要があると思いました。

2つ目のＭＩＦ拡大とは、世の中で稼働するリコーの機器を増やすことです。ところが、十分な機能と性能のハードウエアが行き渡るとその伸びは鈍化します。伸び悩んでいるものを、さらに伸ばしていくには大変な労力がかかります。一つひとつのＭＩＦを大切にすることがより重要ではないかと問い掛けました。

3つ目のフルラインアップは、マーケットシェア追求とＭＩＦ拡大と密接に関わっている原則です。お客さまが求める仕様の機器をリコーはすべてラインアップとして持っていなければ、他社に取られてしまう。そうした不安が、「A3判対応」「A4判対応」「モノクロ」「カラー」、印刷速度が「速いもの」「そうでないもの」と、仕様でマトリックスを作ったときに漏れのないラインアップを用意することにつながっていました。

多くの機種を開発し販売するには費用がかかります。機種によって利益性が異なることはあります。改めて問い掛けたことは、収益が出にくい製品でも、開発や生産を自社で続け、すべてそろえておく必要があるのか？ということでした。

4つ目のものづくり自前主義もまた、リーダー企業だから自社開発・生産しなければならないという呪縛にとらわれていたと思います。

お客さまのニーズが多様化すると、リコーだけでは解決できない課題が増えていきます。言い換えれば、他社のものを組み合わせれば解決できるものも増えていきます。であれば、他社との連携も必要なのではないか？ということも考えなければなりません。

5つ目の直売・直サービス体制は、リコーが販売し、アフターサービスまで自分たちで実施するという原則です。

特に国内では、他の事務機器メーカーが拠点を持たない小さな町にも拠点を持つリコーは、全国津々浦々まで直接サービスすることができます。例えば、沖縄の石垣島にもリコージャパンの事業所があります。そうした日本でのスタイルを海外でも展開してきました。それを例えば、国土が広い米国でも貫く必要があるのか？といった見直しも必要だと考えました。

すなわち、これまでの市場規模拡大を前提として進めてきた掟のような5大原則を抜本的に見直すことを宣言したのです。

これまでなら考えられなかった改革も

要は、5大原則を見直すことで「規模の拡大」から「利益重視」へと戦略を転換することを主眼に置きました。そこで、改めて収益性の観点で事業を検証し、聖域を設けず事業の選別を敢行しました。

コア事業と関連があるものの十分なリソースを割けない事業、具体的には、半導体や物流の事業会社は最適なパートナーに株式を譲渡し、外部リソースとの連携で事業強化を図ることにしました。

まず、連結子会社であるリコー電子デバイスの発行済み株式の80％を、日清紡ホールディングスに譲渡しました（2年後に残り20％を譲渡）。リコー電子デバイスは、プリンター・複合機などのリコーの画像機器用の半導体を開発・生産していました。また社外向けには、主に携帯機器市場や車載・産業機械市場向けに電源ICなどを提供していました。

半導体はリコーのコア事業の競争力を高めるうえでも非常に重要でした。しかしながら、半導体事業を強化するには、継続的に大きな投資をしていく必要があります。リコーグループの一員としてシナジー効果があるものの、半導体事業を単体で見た場合、グループにおける投資の優先順位は高くありませんでした。一方でリコー電子デバイスの譲渡先となった日清紡ホールディングスは、自社の半導体事業を強化する戦略を打ち出しており、ここに合流することで、半導体事業の持続的な発展が可能だと考えました。

今では、日清紡の半導体事業と合体し、日清紡マイクロデバイスとなり、成長を加速しています。

物流子会社のリコーロジスティクスも発行済み株式の66・6％をSBSホールディングスに譲渡し、新たに共同持株会社を設立しました。社名はＳＢＳリコーロジスティクスになりました。

物流業界も競争が激化するなかで倉庫の自動化や自動運転実証など、大きな投資が必要です。3PL（サードパーティロジスティックス）サービスに強いSBSホールディングスの傘下に入り、連携を深めることにより、リコーロジスティクスの物流事業者としての競争力と成長スピードが加速する、と見込んだのです。

この他、創業者と深い縁があって、長く保有していたコカ・コーラボトラーズジャパンホールディングスの株も売却しました。熊本県にあった三愛観光も事業シナジーを生みにくいと判断し、熊本未来創生投資事業有限責任組合に発行済み株式の70％を譲渡しました。これらは創業者が始めた事業であり、この株を手放すことは、これまでのリコーでは考えられないことでした。

該当する会社で働いている社員にとっては不安もあったと思います。私はその会社と社員がリコーグループを出るからには、より幸せになれるようにと考えてきました。私なりに最も幸せになれる、社員がイキイキと働けるところを探し出したつもりです。もちろん、これらの決断によるスリム化は、次の成長に向けた資金・人材面での準備でもありました。

さて「再起動」の2017年度は、リコーは過去最大となる1354億円の赤字を計上しました。社長が新しくなり、再起動を宣言した途端に大赤字ですから、社員は不安に感じたでしょう。

実はこの赤字は、米国の販売子会社の減損処理と、不適切な会計が発覚したインドの子会社からの回収が見込めない資産に引き当てるために発生したものでした。あくまで会計上の赤字であり、キャッシュが減るわけでも多額の借金を抱えるわけでもありませんでした。この2つの一過性要因を加味しなければ、営業利益は655億円で、実質的には前年比でおよそ2倍になっていました。

とはいえ、会計に詳しくない人が聞けば、社長が変わってリコーはもっとひどくなったと思ってしまうでしょう。このため、これは未来に向けて必要なものだということを社員に対してできるだけ直接説明してきました。

巨額の減損を公表したのは2018年3月です。このときには、翌年度の新入社員が入社間近でした。4月から働くつもりでいる会社が、過去最大の赤字だと報道されては、不安になって当然です。親御さんからも「リコーは大丈夫か?」と心配されるでしょう。そこで内定者に対しても丁寧に説明しました。

大幅な減損になった理由を説明するために、生産工場や販売現場を回りました。そこでは社員が明るく「山下さん、大丈夫ですよ。頑張りましょう」と声を掛けてくれました。社員を元気づけるために現場に行ったのですが、逆に現場の社員からたくさんの力をもらいました。

成長戦略「リコー 挑戦」

再起動によって、リコーは稼ぐ力を鍛えることができました。売上原価率と販管費率が減り、従業員1人当たりの売り上げ総利益が増えました。ただ、これを一時的なものにとどまらせるわけにはいきません。

2018年度の初め、中期経営計画の残りの2年である2018年と2019年の2年間を「リコー 挑戦」の年とし、次の中期経営計画が始まる2020年以降は「リコー飛躍」の年とすることを決めました。「挑戦」で、まずは稼ぐ力について高い目標を掲げてそれに挑み、「飛躍」で、持続的な成長を継続するというイメージです。

そのための成長戦略は次の通りです。

■リコーが打ち出した成長戦略

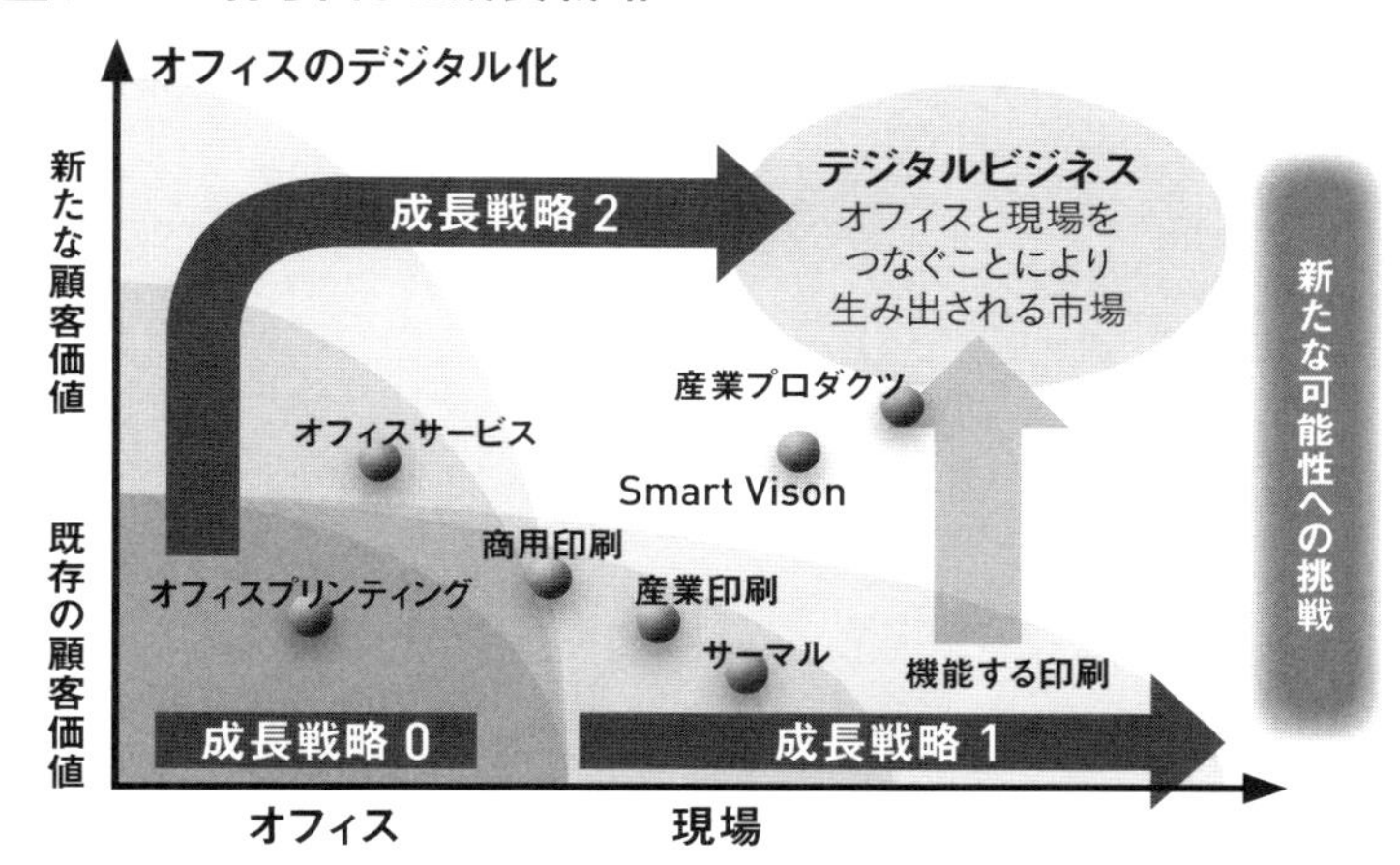

既存事業を強固にしたうえで、新しい価値の創出と価値を提供する場の拡大を狙うことにした

縦軸に「顧客価値」を取り、横軸に「価値提供の対象領域」を置きました。

まず「成長戦略0」。これは、リコーの基盤事業であるオフィスプリンティングに関して、オペレーションを徹底的に磨き上げ、収益性を改善し、基盤をより強く固めるものです。この成長戦略0の上に、「成長戦略1」と「成長戦略2」が成り立ちます。

成長戦略1は、プリンティング技術の可能性を追求した顧客基盤の拡大です。印刷の対象をポスターやカタログなどの商用印刷に広げる。さらには、インクジェット技術を産業用途の印刷へと拡大していく戦略です。また、サーマル印刷技術を食品などのパッケージに直接印刷することに活用するなど、多彩な用途でプリンティング技術の活用を広げて、対象領域をオフィスから多様な現場に拡大していこうという戦略です。

成長戦略2では、オフィスのお客さまにプリンティングからオフィスサービスへと新たな価値提供を加速する戦略です。これはオフィス業務のデジタル化、社内で進めていたデジタル革命をＤＸという形で提供しようとしました。そして、オフィスと現場をデジタルでつなぐことにより生み出されるデジタルビジネスを新たな成長領域の柱としました。

「可視化」した先に改革がある

成長戦略を実行するための準備として、２０１７年度から事業のセグメントを変更しました。改革するには現状を可視化することが必要なので、まずは市場が成熟化している事業と伸ばしたい事業を分けて透明度を上げることを試みました。

複合機を中心としたビジネスを、「オフィスプリンティング」、ネットワーク系のＩＴ

ビジネスを「オフィスサービス」として区分しました。

市場が成熟化しているオフィスプリンティング分野では、利益をしっかり確保できる体質に変革することが必要です。そしてオフィスサービスは、今後の成長領域として、高い収益性のもとで売り上げを拡大することを期待していました。状況を正しく理解し、適切な打ち手をスピーディに打つために、それぞれの分野に分けて事業の収益状況を可視化しました。

リコーが成長するためには、このオフィスプリンティングによる売り上げ・利益をできるだけ維持する間にオフィスサービスの成長を加速させるという戦略です。各事業を可視化したところ、２０１６年時点で、プリンティングによる売り上げは全体の57％、オフィスサービスは37％でした。

さらにオフィスサービスを細分化することで、サービスの種類による利益率の違いも明らかになりました。また地域ごとに整理したことで、どの場所では何をすべきなのか、より具体的な課題が見えてきました。

見えた課題は解決するのみです。

その一つに、北米に利益率が極端に低い事業があるということが分かりました。例えばビジネスプロセス・アウトソーシング（ＢＰＯ）事業です。

お客さまのオフィスに常駐し、プリントセンターの請負に加え受付業務や郵便物の仕分け、その配達といった業務を請け負っていました。このＢＰＯは、デジタルプラットフォームの構築とその保守運用などの業務と比べると、利益率が極端に低いものでした。となると、選択肢は２つです。その事業はやめてしまうか、それとも利益率を上げるかです。利益率を上げるなら、値上げも検討する必要があります。

マーケットシェアを追求するのなら、撤退も値上げもご法度です。そんなことをすれば、他社にその業務を奪われてしまうからです。シェアが最優先なら、利益がほとんど出ていなくても赤字でも、粛々と続けるしかありません。一方で、マーケットシェアを追求するリコーとは決別することを既に決めています。

結局、北米でのＢＰＯ事業では、業務の効率化に加え、利用してもらっているお客さまに適正な金額までの値上げをお願いしました。そのお願いは、予想していたよりもすんなりと受け入れてもらえました。お客さまは提供しているサービスに対して割安だと感じてくれていたのかもしれません。

現在、この事業はビジネスプロセス・サービスとして、北米市場での主要なデジタルサービスになっています。コロナ期間中には、会社宛に届いた郵便物を開封してデジタル化し、在宅勤務している社員にメールで配信するなど、お客さまから信頼されているからこそ実現できる各種サービスを提供しています。プロセスをデジタル化し、自動化されたワークフローへの橋渡しをすることで、お客さまのＤＸを支えています。

「シン・常識プロジェクト」で非常識を洗い出した

社長就任が発表されてから間もなく、私は一つの重要なプロジェクトを立ち上げました。それが「シン・常識プロジェクト」です。

リコーに蔓延（まんえん）していた閉塞感を打破するには、変えるべき常識（客観的に見れば問題だと言えること）を明確にし、そこに手を打つ必要があると思ったのです。調査方法は、12人の各部門のキーパーソン（社員）、3人の中途入社社員、その他、リコーの生き字引とも言えるベテラン社員、社外取締役、社内役員へのインタビューです。その一部をここで紹介したいと思います。

例えば、事業を推進する際の意思決定の場面において、採算を重視し、どのぐらいお客さまが喜ぶのかという顧客満足度の視点が不足していたことが指摘されました。いわば「顧客価値不感症」を患っていたのです。これは、企画やマーケティングをする際の自社都合主義＝プロダクトアウト主義にもつながっていました。

戦略や中期計画を打ち出す場面では、トップが変わると必要以上に変革を唱える傾向が指摘されました。そこには、従来、お客さまを第一に考えるというリコーの伝承すべきコンセプトが欠落していたり、責任が曖昧になっていたりする点も目立っていたようです。責任が厳格でなかったことについては、本文でも少し触れましたが、目標値が高すぎて達成できそうもないという風潮が初めからあったり、未達でも責任者が昇格したりという実態が挙げられました。

中期計画や事業計画を練る実務面においては、各部門でエクセルを使って数字を整える作業が膨大になっていて、そうまでしてつくった数字が、最後のトップの一声で変わるという無駄も指摘されました。

この他、製品開発の場面で短期決算至上主義があったことや、全体的な実務面で、グローバル経営のデータが不足していたこと、製品やサービスが売れないのは、企画や商品、価格、納期遅れ、セールスが悪いと他部門を批判する自分の持ち場主義なども挙げられました。

この調査でリコーでは常識だが、他の会社から入れば非常識なことがたくさん浮き彫りになりました。シン・常識プロジェクトのチームは、こうした常識が発生したプロセスから見直し、今後は「シン・常識」のもとであらゆることが進められるよう、具体的なアクションプランを提案してくれました。ちなみにこのプロジェクト名は、当時私が3回も映画館に足を運んだ『シン・ゴジラ』（制作・配給東宝）をメンバーに見るように勧めたことに由来しています。

デジタルサービスの会社への変革

中小企業向け業務改善サービスが急伸

再起動し、新たな成長戦略を始動した「リコー挑戦」は順調に進み、業績はまさにV字回復となりました。

国内では、オフィスサービス事業で中小企業向けに業務ソリューションパッケージとして提供している「スクラムパッケージ」が大幅に伸長し、オフィスサービス事業の売上拡大に大きく貢献しました。稼ぐ力も強化され、社内の空気も活性化しました。

この「スクラムパッケージ」は、リコーが自社商品（ハードウエアとソフトウエア、サービス）とパートナーの商品を組み合わせて、業種業務ごとに使いやすい標準パッケージとして提供するサービスです。対象業種は、建設や製造、福祉・介護、医療、運輸など9業種、対象業務は「働き方改革」「セキュリティ」「バックオフィス」の3業務があり、現在もさらに進化を続けています。

例えば製造業のお客さま向けに、見積書や図面といった資料をデジタル化したうえで管理できるパッケージサービスを提供しました。何年も前に受注した製品の図面をすぐに探し出せるようになり業務が効率化したなど、さまざまなうれしい声を頂戴しました。そしてこれらのデジタルデータの整備は、後に始まるＡＩ活用に大いに役立つことになりました。

中小企業のお客さまをメインに、リコーがどのようなソリューションを提供しているか、お客さまにどのように歓んでもらっているか、当社のホームページに毎日のように事例をアップしていますので、掲載のＱＲコードから、ぜひ目を通してもらえればと思います。

中小企業向けソリューション事例

コロナ来襲。未来が早く来た！

２０１９年度までの３カ年で計画していた中期経営計画の目標である営業利益１０００億円の達成も目前に迫った２０２０年初頭に予想もしない事態が起こったのです。新型コロナ感染症の拡大でした――。

日本国内で最初に感染者が確認されたのは、２０２０年1月のことでした。それから感染者数が拡大し、東京で最初の緊急事態宣言が発令されたのは同年4月7日です。満員の通勤電車がガラガラになり、オフィス街から人が消えました。多くの企業が強制的にリモートワークに移行することになりました。人々は会社から離れ、家から会社の仕事をすることになりました。

そんな世界中が大きな混乱に見舞われている最中にも、リコーグループの社員は日々、お客さまに寄り添ってくれていました。

例えば、都市封鎖になったロンドンでは大きな展示場を臨時の緊急病院にするというプロジェクトが進められたのですが、英国の販売会社であるリコーＵＫの社員がそこの設営をＩＴ面でサポートしていました。防護服を着てネットワーク設置をしている社員の写真を見て、頭が下がりましたし、誇りに感じました。

米国でも非常事態宣言が出ている州で、米国の販売会社、リコーUSAの社員が病院などの機関への保守サービスを継続してくれました。マレーシアの販売会社、リコーマレーシアでは厳しい移動制限があるなか、社会インフラを担っている銀行や電力会社などのコールセンター対応を継続するといったサービス提供を続けてくれていたのです。

すべてを紹介できないのが残念ですが、世界中で社会のために貢献してくれたリコーグループの社員のことを私は心から誇りに思いました。そしてこの活動は、従来にも増してお客さまからの信頼を獲得し、収束後のビジネスにつながっています。


私は、コロナによって浮き彫りになった社会課題に手を打ちつつ、コロナが収束した後の世界がどんな景色になるかを考えました。

それは、これまでの常識と全く異なる社会です。半ば強制的に実施した在宅勤務、リモート会議などは常態化すると思いました。医療・教育の現場でのリモート化も当たり前になっていくとも思いました。国境を人が行き来することも極端に減る一方で、お金とモノと情報だけが往来するという経済活動が普通になっていくとも考えました。

主要な都市を空から見ると、高層ビルが所狭しと立ち並んでいます。そのようなオフィスビルに多くの社員や幹部が集まって仕事をする時代がいつまでも続くのだろうかと思ったのです。そこにはデジタルの力で解決できる課題がたくさんあるはずです。そんな来るべき世界に備え、必要な商品・サービスを用意して、待ち構えていなければいけないと確信しました。

同時にこんなことも考えていました。この新型コロナウイルスの猛威は、人間がこの自然界に対して行ってきたことに対する警告なのではないか？地球温暖化の問題、生物多様性の問題、世界の貧困問題、どれを見ても、私たち人間の引き起こした問題なのではないか？と。

言うまでもありませんが、２０１５年9月、国連持続可能開発サミットで「持続可能開発２０３０アジェンダ」が採択され、そのなかで２０３０年までの達成を目指す17の持続可能な開発目標としてＳＤＧｓが定められました。私はコロナ禍を経験したことで、コロナ収束後の世界は、企業も個人も、従来とは比較にならないくらいこの「ＳＤＧｓ」への貢献を厳しく求められることになるはずだと思っています。

危機対応と変革加速の1年

コロナ禍により、私たちの収益源であるオフィスでの印刷ボリュームは激減しました。オフィスに人がいないのですから当然です。

一方、オフィスにいなくてもオフィスに居るかのようにストレスなく仕事をしたいといった、業務のデジタル化、ＤＸへのニーズが急増しました。ピンチはチャンスどころか、ピンチとチャンスが同時に到来したのです。

とはいえ、こうした変化は全くの想定外だったという感覚もないのです。例えばペーパーレスの進展、働き方や働く人の価値観の変化、業務のデジタル化・ＤＸ化ニーズの拡大など、かねてから想定していた変化が来た、ということです。想定外だったのは、3年かけて起こるこの変化が、たったの3カ月で起こったということでした。

さて、全世界でロックダウンや活動自粛が実施され、いつまでこの状況が続くのか全く見通しが立たなかったこと、そして急激に社会変化が進行したことを受け、２０２０年度から3カ年の第20次中期経営計画の実施を見送り、２０２０年度を「危機対応と変革加速」の1年にすることを決めました。

3年かけて起こると思っていたことが3カ月で起こったのであれば、私たちも3年かけて変えようとしていたことを、1年で実施するくらいのつもりでやらない限り、生き残ることはできないと思ったからです。変則的になりますが、20次中計は、「危機対応と変革加速」を終えてからの2021年度と2022年度の2年間としました。

そしてこの変革の柱として、この2020年3月に「OAメーカーから脱皮」し、「デジタルサービスの会社へと変革」することを宣言したのです。

こう宣言したのは、世の中のリコーに対する認識が、まだまだOAメーカー、コピーの会社というイメージにとどまっており、自ら宣言して、これを打破する必要があると考えたからです。お客さまのリコーに対する目も変わらなければ、改革は加速しないのです。

この宣言をするに臨んで、先に触れたように国内販売会社のリコージャパンが既にオフィスサービス事業を急拡大させ、年間の売り上げでもオフィスサービスの比率がオフィスプリンティングを上回っていたことが大きな自信となりました。

海外においては、特に欧州を中心にITサービス関連の会社のM&Aを続けていました。ITサービスを提供する力が高まるにつれて、オフィスサービスの売り上げが確実に成長していることも、今進んでいる方向性が正しいことを示してくれていました。

こうした事実が私の背中を押してくれたのです。

社内カンパニー制移行とROIC経営

デジタルサービスの会社への変革の一つとして、2021年4月に「社内カンパニー制」を導入しました。具体的には、お客さまごとに事業をくくり、新たに5つのビジネスユニットと、その成長を支えるグループ本部に構成し直すものでした。これは、実は2023年度を目安に導入を検討してきましたが、2年前倒しで実施しました。激変する事業環境に迅速に対応するために必要だとの判断からです。

この5つのビジネスユニットとは、「リコーデジタルサービス」「リコーデジタルプロダクツ」「リコーグラフィックコミュニケーションズ」「リコーインダストリアルソリューションズ」「リコーフューチャーズ」です。

デジタルサービスは、文字通りデバイスとソフトウエアやサービスを組み合わせてお客さまにデジタルサービスを提供します。デジタルプロダクツでは、複合機やプリンター、プロジェクターなどのエッジデバイスを開発、製造します。

グラフィックコミュニケーションズは、商用印刷や産業印刷市場のお客さまに商品・サービスを提供します。インダストリアルソリューションズは物流や製造などの現場向け業務ソリューションの提供、そしてフューチャーズは社会課題解決に資する新規事業の創出を担うビジネスユニットとしました。

このようなカンパニー制を導入する目的は、先ほど触れたように激変する事業環境に迅速に対応することが主眼にありますが、内に秘めた想いもあります。

一つは、ビジネスユニットのリーダーに徹底的に権限移譲すれば、現場の迅速な意思決定で事業成長を加速できるということ。もう一つは、それぞれのビジネスユニットがそれぞれに経営資源を最適に配分することができれば、各ビジネスユニットによる資本効率経営を追求できるということです。

あわせてＲＯＩＣ（投下資本利益率）経営を導入し、損益計算書（Ｐ／Ｌ）に加え、貸借対照表（Ｂ／Ｓ）も意識してビジネスユニットごとに利益を高めていくようにしました。ＲＯＩＣで事業を管理する目的は、事業の独立採算をさらに進めるべく、事業ごとの資本収益性を明らかにすることにあります。そして経営層は、これら５つの事業ポートフォリオを最適にすることに集中したいと考えていました。

ちなみにカンパニー制のデメリットとしてよく指摘されるのが、各カンパニーの間接部門が重複し無駄が生じるというものですが、これに対してリコーでは横断的に人事やシステムを担うグループ本部も設置しました。こうした体制面での変革に加え、第１章で紹介したリコー式ジョブ型人事制度の導入も同時に進め、デジタルサービスの会社への変革を一気に進めたのです。

価値創造モデルを大きく転換する

デジタルサービスを支える3つの強み

ＯＡメーカーからデジタルサービスの会社への変革においては、人も組織も文化も同時に変えていく必要があります。そして、価値創造モデルも大きく変えていくものと覚悟しました。

従来のＯＡメーカーとしてのビジネスモデルは、多くのお客さまのニーズにできるだけ応えられるようたくさんの機能を盛り込み、画一的な仕様の商品を大量に生産してお客さまに届けることができれば効率的になるというものでした。

このビジネスモデルで価値をつくるのは本社です。本社と各地域との関係でいえば、

■デジタルサービスの会社における価値創造の進め方

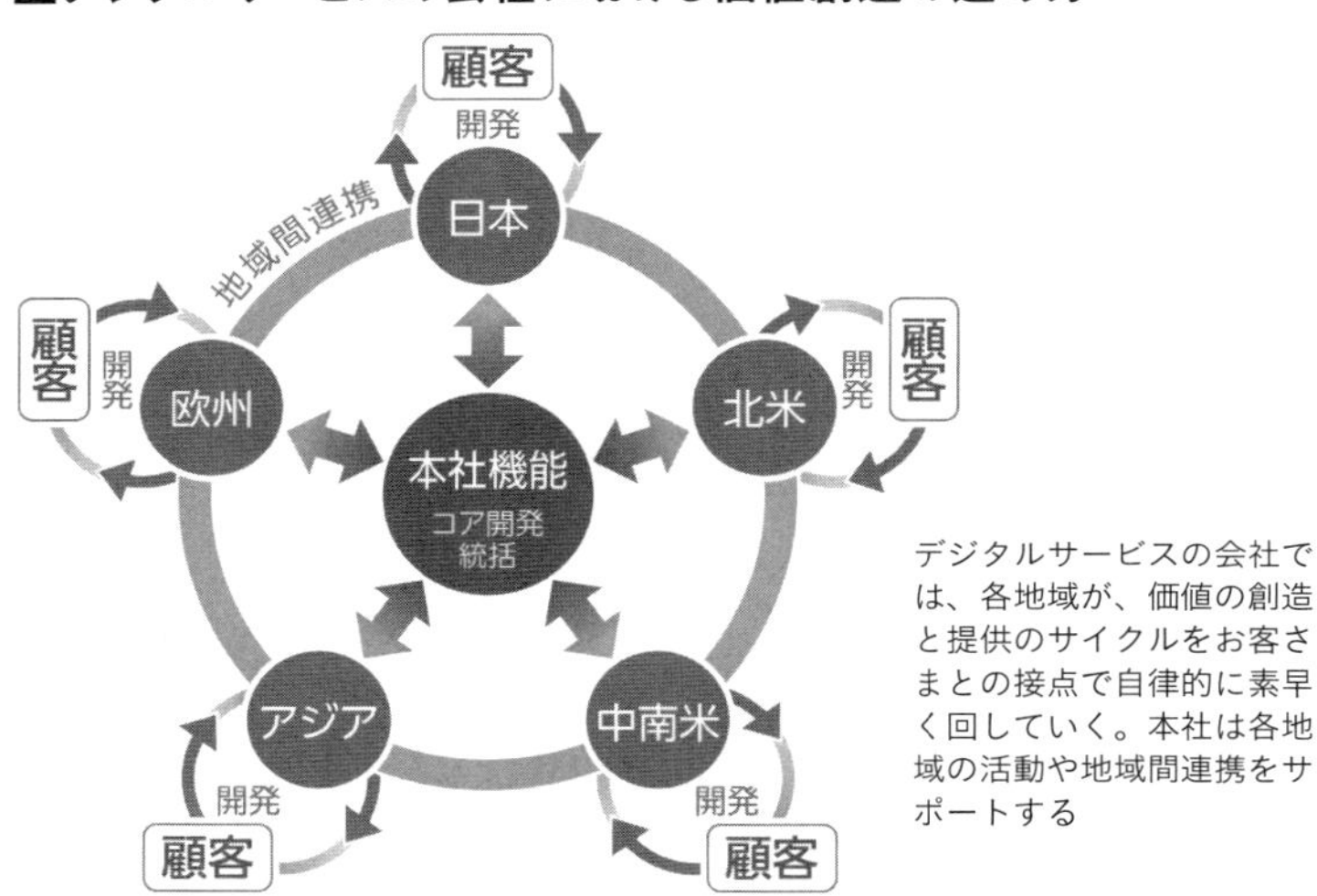

デジタルサービスの会社では、各地域が、価値の創造と提供のサイクルをお客さまとの接点で自律的に素早く回していく。本社は各地域の活動や地域間連携をサポートする

本社から地域に対して一方通行の指示系統の矢印が出ているイメージです。ＯＡメーカーは、このように統率された関係の中で、開発・生産・販売・サービスといった各機能がそれぞれに責任を持ち、精度を高めながらそれぞれの役割をきっちり回していくことが業績向上につながります。

一方、デジタルサービスの会社は、お客さまとの接点で価値を創造します。それぞれの課題に対して最適な解決策をお客さまと共につくり上げる地産地消型ソリューションです。そして共に創造した実効性の高いソリューションを、同じような課題を持つ他のお客さまに水平展開して提供していきます。

デジタルサービスの会社においては、本社の役割は、各地域の活動を支えるプラットフォームやデバイスを提供するとともに、地域間の連携がスムーズにいくようサポートすることです。そして、その会社のビジネスモデルでは、お客さまへの価値の創造と提供のサイクルを、全世界にあるお客さまとの接点で自律的に素早く回していくことが業績向上のカギとなります。

では、このビジネスモデルにおいてリコーにはどんな強みがあり、何が他社とは異なるのか、考えてみました。

まずは、これまで主にオフィスプリンティング事業で培ってきた強固な「顧客基盤」です。そしてそのお客さまをサポートするために築き上げてきた「顧客接点」でのサービス提供力も大きな強みとなっています。世界に広がる約140万社のお客さまに対し、業務課題を解決するための最適な提案をしたり、機器やサービスの安定稼働を支えるデジタル人材が寄り添い続けていることが強みなのです。

この顧客接点には、自社のリソースだけではなく、自社で不足する部分を国内外約4000社のITパートナーが補完する役割を担ってくれています。

そして独自のデバイスやソフトウエア、サービスなどの自社IP（知的財産）もリコーの強みの一つです。

リコーが提供するデジタルサービスは、GoogleやAmazonといったGAFAMと争うようなビジネスではありません。私はむしろ、GAFAMはパートナーだと考えています。リコーならではの世界一のデバイスを入出力デバイスとしてお客さまのそばに設置し、ユニークなデジタルサービスを展開していきます。

販売・サービス部門に加え、開発や生産、そしてR&D部門までが一丸となれば、他社にはまねできないデジタルサービスを提供できると信じています。働く人に寄り添ったサービスを全社員で考えていけるよう、働く人を経営・事業の中心に据え、部門を超えた活動の連鎖がこれからますます起こっていくことに期待しています。

変革のタスキをつなぐ

2023年4月、リコーの社長を当時取締役 コーポレート専務執行役員だった大山晃に引き継ぎ、私は会長になりました。

2023年4月にリコーの社長に就任した大山晃（左）と私

大山はキャリアの半分以上を海外で過ごしており、主に販売部門を歩んできました。PMI（ポスト・マージャー・インテグレーション）と呼ばれる買収企業の統合作業で頭角を現し、国内だけでなく海外の現地マネジメント層からの信頼も厚いこと。そして、リコーの屋台骨であるリコーデジタルサービスビジネスユニットを率いて、デジタルサービスの会社への転換を進めてきた手腕を高く評価していました。

例えば、こんな新しいビジネスが生まれました。

これは、新型コロナの感染が拡大するさなか、私が欧州に行った際、相談されたものなのですが、ハイブリッドワークが定着しているあるグローバル企業のお客さまの会議室の改善支援をした例です。

皆さんもオンライン会議をしようと思ったときに、機器に不具合があったり、うまく接続できなかったりして、なかなか会議を始められなかったという経験があるのではないでしょうか。

こうしたグローバルにビジネスを展開するお客さまの課題に対し、お客さまの国や地域をまたいだ複数の拠点にヒアリングし、世界中に約３０００もある会議室の仕様を標準化して、機器やサービスの選定から導入までを一括して実施したのです。保守運用もリコーが一元的に請け負うことで、日々の管理に関わるお客さまの手間やコストを大幅に削減しています。

いつでも安心・快適にオンライン会議やハイブリッド会議ができるだけではなく、会議室が標準化されたことで、世界中のどの拠点にいても、細かな手順を意識することなく、簡単にかつセキュアな状態で会議をすることができるようになりました。出張先の会議室だから使い勝手が異なるといった心配がありません。お客さまの会社の社員は雑務にとらわれることなく、本来やりたい仕事に集中できるのです。

オンライン会議システムの導入は珍しくありませんが、これだけの規模の企業の働く環境の構築を一括して担い、安定稼働をサポートできる会社は、世界中を探してもあまり見つからないはずです。世界各地で機器を設置し、サービスの設定も行う。その後の保守運用も世界各地で実施できる会社はリコーぐらいだと自負しています。

デジタルサービスの会社への変革はまだ道半ばですが、目指すべき方向性は定まったと思います。

事業全体に占めるデジタルサービスの売上比率は、2022年度に44%まで向上しました。リコーは「OAメーカー」から「デジタルサービスの会社」へと着実に変わっていると言っていいのではないかと思います。

社長を全うした6年間、新型コロナウイルスの感染拡大やウクライナ情勢をはじめとする地政学リスクの高まりなど、経営環境の変化が激しい期間ではありましたが、経営のタスキは、受け取ったときよりも少し磨き輝いた状態で次のランナーに渡せたのではないかと思っています。

タスキをつなぐという言葉を用いましたが、私は正月に箱根駅伝の中継を見るのを楽

■デジタルサービス事業の売上比率

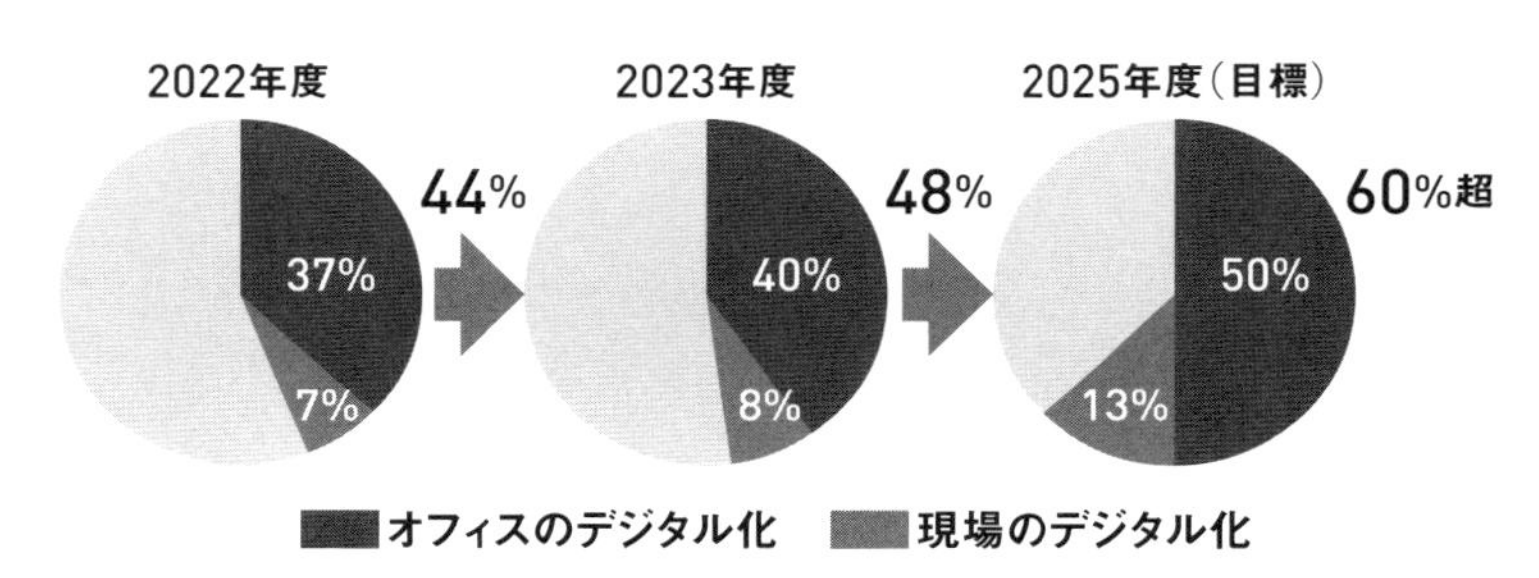

リコーの事業の全体に占めるデジタルサービス事業の比率はどんどん高まっている。2025年には60％超にすることを目標にしている

しみにしています。実際にゴールのテープを切れるのは10区を走っているランナーだけで、それまでの区間を走っている走者は、次のランナーにタスキをつなぐことをミッションに、限られた走行距離の間でベストを尽くそうとします。

企業経営もこの駅伝に似ていると私は思います。ただ駅伝と違うのは、自分が何番目の走者なのか、どこにチームのゴールがあるのかが分からないことです。もしかすると、企業経営とは終わらない駅伝なのかもしれません。

その駅伝を、自分が最後のランナーになってしまうかもしれないという恐怖とも戦いながら、次のランナーにタスキをつなぐまで走り抜く。社員が前向きに変革に取り組み、モチベーションを上げてくれたおかげで、私も走り抜くことができました。

注力領域を明確にして成長を加速

今の社長、大山主導のもと、リコーの「デジタルサービスの会社への変革」は続いています。大山は社長就任後すぐに「企業価値向上プロジェクト」を立ち上げ、彼自らプロジェクトリーダーとなりました。収益構造の改革を進め、デジタルサービスの会社として持続的な成長を確かなものにするための、未来につながるプロジェクトと位置づけて取り組んでいます。

働き方が変化し、オフィスの概念も変わるなか、私たちが価値提供する場はさまざまなワークプレイスへと広がっています。リコーは強みである「顧客基盤」「顧客接点」「自社ＩＰ」を最大限活用することで、グローバルに均質なサービスを提供する「ワークプレイスサービスプロバイダー」としてお客さまへの提供価値を高めていきます。

そして注力すべき成長事業領域を、「プロセスオートメーション」と「ワークプレイスエクスペリエンス」に定めました。

「プロセスオートメーション」は、デジタルによる業務プロセスの最適化を通じ、単純作業を減らし生産性の向上を実現するとともに、ＡＩ・データの活用により新たな価値を提供し、お客さまの創造力の発揮を支援するものです。

そして「ワークプレイスエクスペリエンス」は、デジタルの力で、場所にとらわれない円滑なコミュニケーション、質の高いコラボレーションができる、働く人がより良い働く体験を実感できる環境を提供することです。これにより、お客さまの創造力の発揮を支援していくこと。ここに注力して取り組み、成長を実現していきます。

第4章

迷ったら原点に立ち返る

「三愛精神」が創業の精神

昭和の起業家、リコー創業者・市村清の想い

読者の皆さんには、リコーが三愛グループの一員だということをご存じの方もいらっしゃると思います。第2章で少し触れた、新しい働き方の実践的研究所、「RICOH 3L」の「L」は、「LOVEのL」、「愛のL」なのです。その愛に3がついて「三愛」です。

この三愛は、リコーの創業者・市村清の掲げた「三愛精神（人を愛し、国を愛し、勤めを愛す）」から来ています。リコーでは、これを創業の精神としています。

私はこの三愛精神を入社した際に学び、その後、2011年に米国から戻り、リコー本社の総合経営企画室長を拝命したときに改めて学び直しました。

私には多種多様な現場を見てきたという自負があったものの、リコーグループ全体の

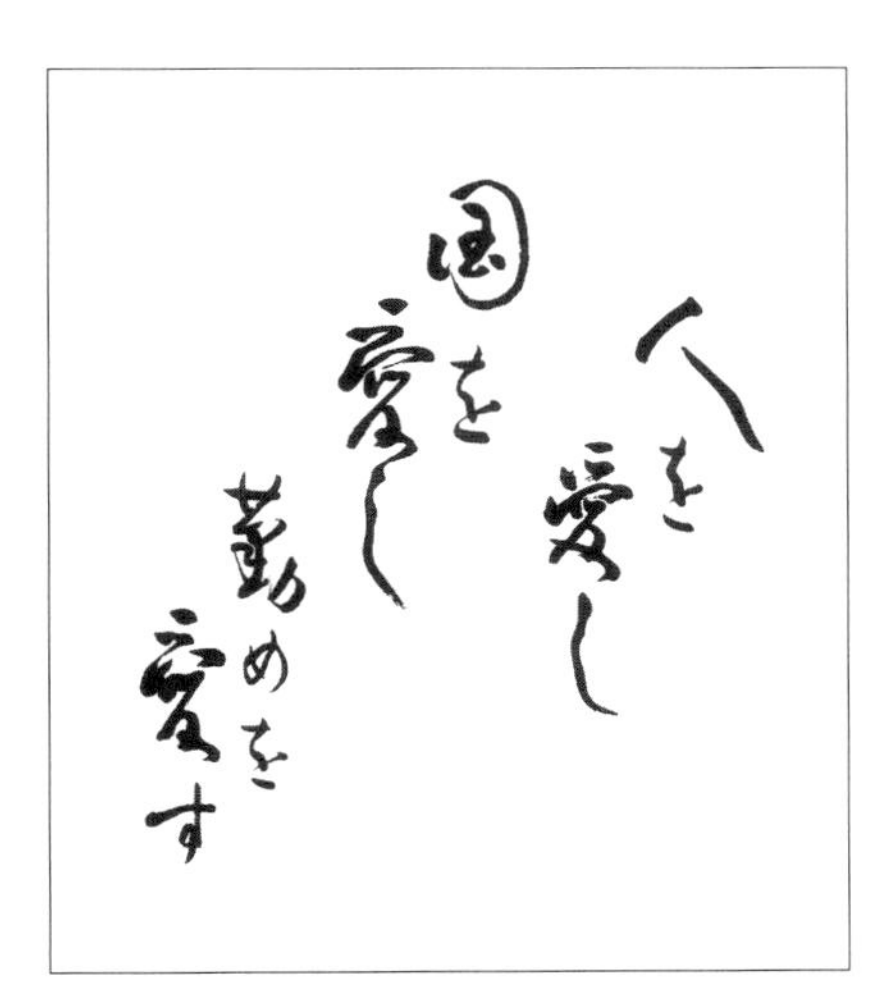

市村清自筆による「三愛精神」。リコーはこの精神に則って仕事をしてきたし、今後も拠り所となる

ことを考えるという経験はしてきませんでした。リコーの経営企画の責任者となった以上、会社全体のことが分からないとも言ってはいられません。そこで、この会社は誰が何のために興したのかを改めて学んでみようと思ったのです。

まず入社したときのこと。市村は既に他界していましたが、経営の神様の異名を持つ市村の生涯を綴った『茨と虹と』という本が会社から配られました。これを読んでいたため、市村がどのような人生を歩んだのか、三愛精神とは何かについての知識はありました。

そして改めて学び直した市村の人生と三愛精神には、心打たれるものがありました。

それまでの約30年間で私自身が変わったということもあるのでしょう。

ここでリコーの創業者、市村さんのことを少し紹介しておこうと思います。

彼は、志高く、行動力もある人でした。市村が理研感光紙を設立したのは、戦前の１９３６年です。理化学研究所が開発した感光紙の販売を手掛け、設立の2年後には理研光学工業に社名を改めました。

戦争が終わると事業の多角化に乗り出します。

銀座のど真ん中、４丁目交差点にビルを建てて食料品店を開いたかと思えば、羽田空港での給油事業を立ち上げます。戦前は憲法記念館だった明治神宮外苑の一角にある明治記念館を、結婚式場として立て直すことにも貢献しました。

１９５５年に「リコピー１０１」を発売して事務機分野に参入し、１９６３年には社名を現在の「株式会社リコー」に変更。その後も複写機「電子リコピー」などを手掛け、日本全国の職場を便利にしながら後のリコーを形づくります。

手広く事業を展開した市村は、経営哲学の一つとして「儲ける経営より儲かる経営」という信念をことあるごとに口にしていたといいます。ここには、「事業というものは、儲けようとすればおのずと限界がある。けれども、道に即してやれば、自然に儲かるものであって、その利益は無限大だ」という意味があります。これは現在のリコーの、事業を通じた社会課題解決という考え方そのものです。

本社で何をすべきか改めて考えていた私にとって、こうした市村の経験や実践に基づいた経営哲学は、自分がどのような会社で働いているのかを思い出させてくれるものでした。そして、この会社の経営に関わるようになった私に、何を大切にしなければならないのかを教えてくれるものでもありました。

創業者の言葉なら、社員にも通じる

私にはこの後、もう一度、市村清と三愛精神に向き合うチャンスが訪れました。社長就任が決まったときです。

少し話は逸れますが、以前から「社長という仕事」に興味は持っていました。英国の生産関連会社で経営管理責任者、その会社のナンバー2として社長の仕事を間近で見て興味を覚え、その後、タイ工場の立ち上げを主導したときには、当然、自分がそこの社長になるものだと思い込んでいました。

ところが、命じられたのは想定外の米国の生産関連会社の社長だったのです。赴任してまず驚いたのは、一つの職場に、多様なルーツや文化を持ち、言語も異なる人が集まっていたことです。工場にも、英語と日本語だけでなく、スペイン語やアジア各国の言語で「安全第一」と掲示があります。聞けば、2カ所の工場で働く1400人の従業員の人種・民族は26にも及ぶといいます。ダイバーシティとは何なのか、頭では理解していたはずのことを、私はこの米国赴任中に身をもって感じました。

そしてリーマンショックに直面し、私は工場の閉鎖も含めた中期的な拠点再編を立案し、すぐに実行しました。そしてもう一つ取り組んだことは、「経営の現地化」です。私は日本の製造業のグローバル化には5つのステップがあると考えています。日本で生産した製品を輸出する第一ステップから始まり、そこから生産の現地化、部品調達の現地化、人の現地化と続き、経営の現地化が最終ステップです。

このステップは生産畑を歩んできた私の仕事の歩みそのものでした。2011年4月に後任のCEOとして現地人を任命し、経営の現地化を果たして私は日本に帰国することになりました。

米国の社長を務めたのはいい経験になったのですが、まさかリコー本体の社長になるとは思っていませんでした。子会社とリコー本体とでは、あらゆるものの規模が違います。英国や米国では全従業員の顔を把握していましたが、リコー本体となるとそれも不可能です。

どうすればこのような大きな組織のトップが務まるのか――。私は知り合いの経営者を訪ね、話を聞きました。そして改めて市村の人生と考えを学ぶ必要があると思うに至りました。市村清の遺族にもお会いし、生前の市村を知っている人にも話を聞きに行き、彼が何を語っていたのかもできるだけ漏らさず知ろうと試みました。

こうして今一度、「三愛精神」を学ぶと、人を事業の中心に据えるというこの精神は時代を先取りするものだったことを実感するとともに、リコーが目指すことはこの三愛精神に集約されているとも感じました。

第3章でも触れた通り、その頃のリコーは、先行きが明るいわけではなく、再起動が必要だったことは明らかでしたし、社長として私が何をしなければならないかは自明でした。問題は、社員も私と同じ気持ちになってくれるかどうかです。

創業者のことを学び直し、「人を愛し、国を愛し、勤めを愛す」、「事業は、道（社会課題解決）に即してやれば自然に儲かる」という考え方を80年近く前に市村が言語化していたことを目の当たりにすると、これが、私が社員に伝えたいことだと思いました。

新任の社長が「リコーの常識を捨てよう」「働き方を変えよう」などと言ったところで、社員の心に響くものでしょうか。創業者の言葉になら、社員は耳を傾けてくれるでしょう。私は創業者の言葉を借りて、社長としての第一歩を踏み出したのです。

不易流行。古くて新しい「三愛精神」

市村清が三愛精神を提唱したのは1946年です。日本、そして世界が第二次世界大戦の荒廃から抜け出そうとしていた時期です。三愛精神について、私なりに解釈をしてみました。

まず「人を愛す」ですが、これに込められているのは、社員を大切にした経営や、お客さまを大切にした事業活動がいかに重要であるか、ということです。これは今の人的資本経営にも通じます。社員は使い切ってしまうとなくなる「資源」ではなく、輝かせる「資本」なのだから、成長できる環境をつくり磨くことで社員はピカピカに輝いてくれる。まさにリコーの社風が表れていると感じています。

「国を愛す」は、「はじめに」でも少し述べましたが、今の時代で解釈するならば、「地球を愛する」ということだと思っています。

私はこの地球を次の世代、さらにその次の世代へとつないでいくために、今何をしなければならないかを考え、行動することが私たちの使命であると考えています。企業の存在意義も地球あってこそのものだからです。この言葉は、企業の活動が持続的であることの大切さを教えてくれていると思いました。

最後に、「勤めを愛す」ですが、働くことを愛するというのはとても意義深く、私たちの事業に示唆を与えてくれていると思いました。仕事は、自ら熱意と責任感を持って主体的に取り組めないと愛せないものです。

この言葉は、当事者として自律的に仕事に当たることや創意工夫の大切さを説いています。自らの仕事でお客さまにお役立ちすることで働きがいを感じ、「はたらく歓び」を感じる。そしてこれが共創、共感できる社会をつくっていくことにつながるのです。

この三愛精神は、総じてＳＤＧｓに示された〝誰一人取り残さない〟世界の実現に通じるものだと思いました。

三愛精神を学び、実践すればするほど、古くて新しいと感じるのです。まさに「不易流行」です。いつまでも変化しない本質的なものを忘れず、同時に新たに変化を重ねていくことの大切さを感じます。

ところで、「愛する」ということを正面から考えるのは少々照れや恥ずかしさを感じてしまうかもしれません。私が若い頃に「愛」について考えるきっかけとなった1冊の本『愛の試み』との出合いがあったことについては、「はじめに」でも述べました。

ここには「愛されるより愛するほうが100倍尊く、愛の本質は愛することにある」という言葉があり、これに大変感動しました。この言葉によって私は人を愛そうと思い、そのために人に興味・関心を持つようになりました。能動的に愛することでさまざまな困難に立ち向かうことができると思い、勇気ももらいました。

この本はリコーに入社してからも、新たな出会いや経験をするたびに読み返していま す。その時々によって感じ方が変わるので、手元にずっと置いてあります。

創業者の想いがグローバルに浸透

2018年からリコーでは、2月6日の創立記念日に、グローバルに社員参加型イベント「Foundation Day」を実施しています。年に一度、創業者を感じて三愛精神を実践することの大切さを共有する場を設けました。皆でリコーの原点に立ち返り、そして、リコーの未来を想い描きます。このイベントは、同時開催している海外各地ともリモートでつなぎ、リアルタイムで相互に交流することが可能です。

2020年の「Foundation Day」は、「GEMBA（現場）」をテーマに、テレソン（テレビジョンマラソンの略）をメイン企画とし、延べ約10時間にわたるイベントをグローバルに配信しました。生産現場や営業現場の社員からは、「参加できない社員がいる」とか、「イベント好きとそうでもない社員との温度差が気になる」といったさまざまな声がありました。それを踏まえ、この年は私から世界の各拠点をリモートでつなぎ、それぞれのイベントに参加するという形式にしました。

東京の本社から、5カ所の国内拠点、約30の海外拠点と中継をつなぎ、それぞれ約5

各海外拠点にも三愛精神のパネルが設置されている。グローバルで創業の精神が浸透している。

〜8分ずつ、計3時間近くリアルタイムでダイレクトに交流をするというものでした。

これらは、すべて自ら手を挙げてくれた拠点です。中には、十数人しか社員のいない小さな拠点もありました。このときほど、日本語と英語以外にも言葉が話せればよかったと思ったことはありません。

きっとこのイベントに参加したリコーグループ社員の多くは、今まで一度も行ったことのない、これからもきっと一度も行くことのない国にも、同じ三愛精神のもとで働く仲間がいることを実感し、勇気づけられ、グローバルなリコーグループの一員であることをうれしく感じてくれたのではないかと思います。実際私もそうでした。

毎年のこのイベントでは海外の複数の拠点と中継をつなぎ、ダイレクトなコミュニケーションを続けています。創立記念イベントを毎年開催する企業も珍しいようですが、毎年実施することは三愛精神を全世界の社員へと浸透させていくうえでも、社員に帰属意識を高めてもらううえでも有効だと感じています。

この他にも、より多くの社員と交流を持つ機会をもっと増やしたいと考え、国内外の社員数名との座談会を毎月開催するようにもしました。時差があるので無理なく参加できるよう月ごとに地域をローテーションしながら、毎回6~8人の社員にオンラインで参加してもらいます。

ありがたいことに参加希望に手を挙げてくれる社員は多くいるのですが、人数があまり多いとどうしても聞き役に回る社員が出てきてしまうので、あえて少人数で開催するようにしました。あるときは欧州各国の販売会社から営業部長に集まってもらい、またあるときはアジア圏で活躍している女性社員や、人事系の社員を中心に集まってもらうということもありました。

当然、地域や職種、人種も異なればさまざまな質問や話が飛び交いますが、グローバルの社員の多くが共通して関心を持っているのは、リコーの社長として何を大切に考え日々行動しているのか、そのオリジンとなる三愛精神につながる話でした。

リコーでは、三愛精神のフィロソフィーは海外の社員を含め、かなり浸透しているように感じています。それは、私が社長として実行してきたことだけではなく、歴代の経営陣の努力と、理念の浸透に奮闘してきてくれた社員の頑張りによるものです。

今や海外でリコーのオフィスや工場を訪れると、多くの拠点で三愛精神の文字を目にすることができます。それはオフィスの廊下や会議室の壁の一面であったり、食堂の一部であったりと、社員がよく目にする場所に大きく描かれています。

本社から特にそのような指示を出しているわけでもなく、各拠点の社員がリコーのフィロソフィーを理解し、共感し、主体的に動いてくれているのです。私は海外のオフィスを訪れ、その文字を見つけるたびにうれしくなり、改めて遠い地で同じ三愛精神のもとで働く仲間がいることを実感しています。

2つのこと以外はすべて変えてよい

「三愛精神」と「お客さまに寄り添い続けること」は変えない

私は三愛精神と、お客さまに寄り添う姿勢は、リコーがこれから何歳になっても、変えてはならない部分だと思っています。逆の言い方をすれば、この2つさえ大切にし、守ることができれば、あとはどこをどのように変えても構わないということです。

第1章で、「管理職は支援職になる」と述べました。「社員はイキイキと自律的に働く」と述べました。これからは、会社と社員が対等になっていきます。そして、デジタルサービスの会社としてお客さまとともに価値を創造するようになれば、リコーとお客さまの関係はさらに深まっていくものと考えています。

「地球」に対してもそうです。次の第5章で詳しく述べたいと思いますが、地球市民の一員として持続的な社会づくりに責任を果たすことが大切です。三愛精神の「国を愛す」を「地球を愛す」と捉え直して私たちは日々の事業活動に取り組んでいます。

さらに、リコーにとって「勤めを愛す」は変わらず重要なことです。「勤めを愛す」ことを、私はリコーグループの社員はもちろん、より多くの働く人に感じてほしいと思っています。


2018年の銀座からの本社移転にあたっては、これまでと比べ不便な場所なので社内から反対が多くありました。しかしながら、私はやはり移転してよかったと思っています。大森は創業者市村清ゆかりの地です。本社から、東京都道318号環状七号線を挟んだ向こう側には、かつての市村の自宅があり、そこには、市村が生前個人で所有していた全有価証券を元に設立された公益財団法人市村清新技術財団が置かれています。

本社移転は、リコーの原点回帰の象徴でもありました。環状七号線から本社の敷地へ入ると、椅子に腰掛けた市村の像が目に入ります。私は出社するとき、必ずその前を通ります。

「市村さん、私は今日も元気です」

いつも、私は心の中でそう挨拶してから自席に向かいました。創業者と二人きりのコミュニケーションができている。市村清さんは見ていてくれる。毎日毎朝、そう強く信じられたことも、私にとってはとても大きな支えでした。

大森本社事業所にある創業者、市村清像。私は本社に出社する際には、必ず挨拶をしている

第5章

地球を愛すること

社会に先駆けた「環境経営」

三愛精神に宿る地球への愛

創業者の市村が三愛精神を唱えたのは終戦後、間もなくのことでしたので、今聞くとどこか仰々しさを感じる「国を愛し」という言葉には、敗戦国となった日本を何としても立て直したいという想いを込めていたのだと思います。

感光紙に限らず多彩な事業を手掛けたのも、日本の復興と成長に事業を通じて少しでも貢献したいという想いがあったからでしょう。事業を通じて多くの人の役に立つ、これが実業家としての市村の国の愛し方だったのだと思います。

市村が愛した国とは、現在でいうと日本を含むすべての国、地域社会であり、地球です。国を愛すとは社会課題の解決であり、地球環境の持続性の向上と捉えることができます。そして今、多くの人たちが地球への愛を表明し、守ろうとしています。

気候変動は今や相当深刻な問題です。気温上昇により、氷河や氷床が解けて海面が上昇し、水没する恐れを指摘されている地域もあります。乾燥地帯では干ばつや砂漠化が進み、森林や山では火災が増えています。一方で、降水量の増加により水害に悩まされ続けている地域もあります。

日本でも、従来にないほどの豪雨や線状降水帯などの発生により、河川の氾濫や洪水、土砂崩れといった災害がたびたび起こっています。

夏も、毎年のように猛暑です。２０２３年7月、国際連合のアントニオ・グテーレス事務総長が、世界の平均気温が観測史上で最高記録を更新したことを受けて「地球温暖化の時代は終わり、地球沸騰化の時代が始まった」と述べています。これは、これまで以上に強い危機感を持たなければならない時代が始まったということです。

グテーレス事務総長の発言の約5年前の２０１８年、マーシャル諸島のヒルダ・ハイネ大統領と話をする機会がありました。ニューヨークで開催された気候変動の世界イベント「Ｃｌｉｍａｔｅ Ｗｅｅｋ ＮＹＣ」のオープニングセレモニーで講演者として同席したときのことです。

Ｃｌｉｍａｔｅ Ｗｅｅｋ ＮＹＣは、２００９年から開催されている気候変動問題について議論する場です。毎年、国連や各国政府の関係者、投資家、企業経営者らが招待され、講演やパネルディスカッションが催されます。

マーシャル諸島は、太平洋にある「真珠の首飾り」とも呼ばれる島国です。ハイネ大統領は「私たちの国は、このまま温暖化が続き、海面が上昇すると、2050年には国土の半分が水没します」と言いました。「そして、あなたの国も島国よね。どのくらい沈むの?」と私に尋ねました。それに対し私は、その場で答えることができませんでした。環境経営に長年取り組み、地球環境のことに対しては人一倍考えてきたつもりでいましたが、まだ地球温暖化を自分事として捉えられていなかったのです。大変恥ずかしく思い、地球を愛する想いを新たにしなければならないと感じました。

海面が1m上昇すると、日本全国の砂浜の9割は消失すると予測されています。既に1901年から2010年までの110年間で海面は約19㎝上昇しました。2100年頃にまでに最大82㎝上昇するという予測もあります。

2050年にカーボンニュートラルを実現しようという日本をはじめとした世界各国の目標は、そうした未来の到来を回避するためのものです。多くの企業や組織がその目標に向けた具体的な行動を取っていますが、私には、そのスピードがまだまだ足りていないように感じられます。

「環境保全」と「利益創出」を同時に実現していく

リコーもカーボンニュートラルの実現に向け、さまざまな取り組みを進めています。その原点は三愛精神にあり、1998年に提唱した環境経営にあります。

1997年、京都でCOP3（第3回気候変動枠組条約締約国会議）が開催されました。日本国内では初めての開催となったこのCOPで、日本はCO_2に代表される温室効果ガスの排出量を、1990年に比べて、2008年から2012年までの間に6%減らすことを決めました。

リコーが初めて「環境経営」を掲げたのは、このCOP3の翌年です。

今でこそ、環境経営の意義を多くの人が理解しています。しかし当時は、気候変動も今ほど話題にはなっておらず、それまで企業が取り組んできた公害の防止や省エネといった環境活動と、リコーが掲げた「環境経営」との違いは十分に理解されていませんでした。

改めて違いを整理すると、リコーでは、環境への取り組みを3つのステップで捉えています。「環境対応」「環境保全」、そして「環境経営」です。

「環境対応」とは、法規制や競合他社、お客さまなど、外部からの要求に応える形の、受け身の活動です。次に「環境保全」とは、省エネルギーや省資源、リサイクルなど、地球で生を営む者としての使命感に基づいたより積極的な活動です。

そして、「環境経営」とは単に環境に配慮するということではなく、「環境保全」と「利益創出」を同時に実現していく経営です。例えば、機械を組み立てるときに部品点数や工程の数を減らし、歩留りや稼働率を上げることは、環境のためでもあり利益を生み出す取り組みでもあるということです。環境への負担を減らす技術開発も、環境保全とビジネスの競争力強化の両方に寄与します。

さて、私が英国の工場で経営管理の仕事をしていた1998年当時、環境への意識は日本よりも欧州のほうが高いとされていました。しかしながら、工場で働く人たちが、自分たちの仕事と地球環境とを直接的に結びつけて考えていたかというと、そこまではなかったように思います。

■環境経営のあるべき姿

環境経営とは、環境保全と利益創出を同時に実現すること

「環境経営」は経営層や一部の推進部門だけでなく、全員参加で取り組むことが不可欠です。リコーが「環境経営」を掲げる以上、工場のスタッフに対しても「環境経営を実践していく」「環境経営とはこのようなものだ」と説明し、納得してもらい、自分事として取り組んでもらう必要があります。

ところが、考えても、考えても、うまい説明の方法が見つかりません。私自身、「環境経営」の意味を納得できていなかったからかもしれません。

そこで、これを打ち出した張本人、当時の社長の桜井正光にその意味するところを尋ねました。すると、答えとして1

枚の絵が返ってきました。天秤の絵です。そして片方の皿には「利益創出」、もう片方の皿には「環境保全」と書かれていました。

私はその絵を見ながら桜井に電話をしました。まだ、腑に落ちていなかったのです。すると桜井は、英国工場の目指す姿を尋ねてきます。私は、不良品をゼロにすることを目指していると答えました。桜井の返事は「それでいいんだよ」というものでした。

そのとき私は、ようやく「環境経営」とは何なのかを理解できた気がしました。

生産の現場で環境への負荷を減らすには、原材料を無駄にしないことです。廃棄を減らすことです。廃棄が減れば利益率は上がります。「この工場では不良品を減らすことが利益の創出と環境負荷低減になる、つまり環境経営だ！」と。

そう説明すると、現地のスタッフもすぐに理解してくれましたし、その理解は自然と日々の業務に反映されていきました。社員への浸透は驚くほど早く、また、ぶれることもありませんでした。

私自身はその後何度も、桜井と「環境経営」について話す機会がありました。桜井はその都度、熱く語ってくれて、最後には「これは俺のライフワークだから」と話を締めくくるのが常でした。

彼は常に有言実行でした。２００７年にリコーの社長を退任し経済同友会の代表幹事となった桜井は、日本企業の競争力強化に向けた政策提言に力を入れるとともに、親交を深めた企業経営者たちに環境対策は利益に結びつくという信念を説き続けました。

２０１４年には、持続可能な脱炭素社会実現を目指す企業グループである「日本気候リーダーズ・パートナーシップ（ＪＣＬＰ）」の初代代表に就任し、会社の枠を超えて環境経営の輪を広げていきました。

現在私は、そのＪＣＬＰの共同代表を務めています。「桜井さんのライフワークは私が引き継ぐしかない」という想いを胸に挑戦を続けています。

循環型社会の実現に向けた「コメットサークル」

リコーでは「環境経営」を掲げる前から、循環型社会の実現に取り組んできました。１９９４年に、「コメットサークル」というコンセプトを打ち出し、その実践に乗り出しています。

コメットサークルとは、今でいうサーキュラーエコノミーのエコシステムのことです。

大量生産・大量消費型の社会は既に過去のものであり、新たな仕組みが求められているという現実を受け止め、各種ハードウエアの開発設計・製造を担うリコーが、多様な役割を担うパートナーと連携することで、製品の循環を図るというものです。

このコメットサークルには「4つの行動指針」があります。

まずは、「製品のライフサイクルという視点で環境負荷を把握し削減」することです。そのためには、製品を作るときだけ環境に配慮するのではなく、原材料の調達、製品を輸送し販売するとき、製品として使用してもらっている間、さらには回収や廃棄に至る過程までを考慮し、ライフサイクル全体で負荷を減らすというものです。だからこそ、リコーだけでは推進ができず、ステークホルダーの理解と協力のもと、関係パートナーとのエコサイクルの確立が必要です。

2つ目は、「より環境負荷の小さいリユース・リサイクルの実践」です。言い換えれば、できるだけ製造したままの形で使い続けてもらう、できるだけ小さなループで循環させるということです。製品をメンテナンスや部品交換をしながら、「長期に使ってもらうこと」は、最も環境に負荷が掛からない方法です。

次に負荷が少ないのは、「回収した製品を整備して再生品にする」ことです。メンテナンスして製品のままの形で使うのが難しければ「部品を再利用」、それも難しければ分解してプラスチックや金属を取り出し、その「素材」をそのまま再利用、素材としての再利用も難しければ、「別の素材に加工再生」して再利用、最後の手段として燃料にして燃やし「熱エネルギー」として使い切るというアプローチです。

３つ目は「循環型ビジネスモデルの確立」です。

理想的な幾重にもなるリユース・リサイクルのループも、それこそ手段が目的化してしまい無理に実行しては、循環していきません。「無理」とは「経済合理性が伴わないこと」です。環境経営は、「環境負荷低減」と「利益創出」を同時実現してこそ、持続的な活動になるという考えです。

ちなみにリユース・リサイクルは案外とコストが掛かります。まず回収そのもののコスト、回収した製品をどのループで循環させられるかを判定するコスト、部品や素材として取り出すコストなどが挙げられます。ですから、リユース・リサイクルは製品を使い終わってからの取り組みではなく、「再利用を前提として製品設計をする」というところから取り組むべきものなのです。

４つの行動指針の最後は、「ステークホルダーとのパートナーシップ」です。

前述したようにリコー1社の取り組みでは、環境負荷を効率的に低減することはできません。エコシステムでのパートナーシップのもと、環境に関わる情報を共有し、連携を密にすることが重要です。

またパートナーだけではなく、お客さまにも環境負荷の小さい製品・サービスを選択・活用してもらうことが重要になりますし、国や自治体、業界団体などに働きかけて環境負荷の小さい製品やサービスを選択するためのルールの策定や社会の仕組みづくりを進めていくことも必要です。

お客さまが、今、何を求めているのかを優先

リユース・リサイクル体制の確立に向けて、私自身も英国工場時代に、カートリッジなどのリサイクル事業を展開していました。桜井から薫陶を受け、「環境経営」に取り組んでいたわけですが、当時の技術や環境ではリサイクルでのコスト削減効果が限定的だったこともあり、営業担当部門は必ずしも前向きではありませんでした。

品質の良いリサイクル品が流通したら、新製品の売り上げに影響するのではないかと

いう声も聞かれました。そう考える営業部門の気持ちも分からないわけではありません。一般的に、生産部門と営業部門の意見は対立しがちです。私は「複合機やカートリッジにも第2の人生を歩ませよう、それが我々の仕事だ」と説得しようとするのですが、なかなか理解が得られませんでした。

ところがあるとき、会議で「リサイクル事業はコスト削減だけのためにするのではない。官公庁などリサイクル製品を求めている顧客もいる、ビジネスとして成立する」と発言した営業幹部がいました。「お客さまが何を求めているかを優先すべきだ」と言うのです。

営業部門からこうした発言が聞かれたことに私は驚き、うれしくもなりました。発言したのは、現地販売会社の幹部だった現リコー社長の大山晃です。顧客が何を求めているのかを考えるべきだと主張する彼を「信頼できる」と直感しました。

さて、この第2の人生プロジェクトについてですが、いいことをやっているのだから儲からなくていいとは私も思っていませんでした。採算を取るには、まとまった数の再生品の流通ルートが必要です。その確保が、そのときもその後も、私の大きな仕事の一つになりました。

２０２４年7月、リコーは、複合機やＰＯＳシステムを製造販売する東芝テックとの合弁会社、エトリア株式会社を設立しました。複合機やその部品、関連の消耗品などを開発・生産するエトリアは、リコーと東芝テックの技術を融合し、競争力の高い商品を生み出します。さらに、両社を合わせると複合機市場での世界シェアが20％を超えるスケールメリットを活かして、共同購買などでコスト競争力も強化します。

それだけではありません。持続的成長を目指した取り組みにもチャレンジしています。原材料を調達して製品を生産し、使用後に廃棄するという一方通行型のリニア（Ｌ）エコノミーから、資源を循環利用するサーキュラー（Ｃ）エコノミーに移行する「ＬＣ変換」を業界各社と連携しながら推進しています。

複合機市場では、日本企業が世界の約8割のシェアを誇っています。

かつては機器単体の販売で競っていた市場ですが、今は、ソフトウエアやサービスと組み合わせた課題解決が求められるようになっています。戦い方が変わったのです。

さらに、厳格化が進む一方の環境規制への対応や、高度化が進むセキュリティ対応など、継続的な投資が求められるようになっています。こうした変化に背を向けていては、いずれ、複合機市場は日本企業が圧倒的な強さを誇っていた状況のままではいられなくなります。

そこで、複合機を手掛ける企業がそれぞれ独自で取り組む領域と、互いに協調して取り組む領域を分け、協調領域では共創を進めることで日本のモノづくりを強化し、これからも世界をリードしていく存在でありたい。私はエトリアに、その役割を担ってほしいと思っています。

そして、「ＬＣ変換」の推進については、リコーと東芝テックに限らず、ぜひ多くの会社に仲間に入ってもらって、業界全体で進めていきたいと考えています。助け合えるところは助け合い、効率的にモノづくりをしていく未来をつくっていきたいのです。

コメットサークルの策定から約30年がたち、循環型社会の実現を目指す取り組みはここまで来ました。しかし、感慨にふけってばかりもいられません。まだまだ、リコーがやらなければならないことは数多くあります。

ＥＳＧと事業成長の同軸化

ＣＯＰ21で感じた世界と日本のギャップ

環境経営に取り組むうえで、２０１５年は大きな転換点となる1年でした。国際社会で、地球規模の社会課題解決に向けて２つの大きな合意がなされたからです。

一つは、国連が２０３０年までの達成を目指す17の持続可能な開発目標としてＳＤＧｓを定めたことです。そしてもう一つが、同じ年の11月にパリで開催された国連気候変動枠組条約の第21回締約国会議（ＣＯＰ21）での、途上国を含むすべての締約国が各自の削減目標の達成に向けて取り組むこと、長期的には温度上昇を２℃より十分低い温度に抑えること、１・５℃も視野に入れることなどを記したパリ協定です。

このパリ協定は、２０１６年11月に異例とも言える速さで発効し、その後の各国の取り組みを加速させることになります。

COP21にオフィシャルパートナーとして参画。パリ協定の合意文書は、会場に設置したリコーの複合機で印刷され配布された

リコーはこのCOP21にオフィシャルパートナーとして参画し、環境に配慮しセキュリティを確保した統合文書管理ソリューションを提供しました。具体的には再生複合機53台をはじめ、さまざまなプリンティングサービスが、メイン会場や各国オフィス、メディアセンターなどで使われました。歴史に名を刻むパリ協定の合意文書を、リコーのプリンターが印刷することに、私は大きな誇りを感じました。

実は、リコーがCOP21のオフィシャルパートナーになったのは、国連とCOP21の事務局を務めたフランス政府からの指名を受けてのことです。リコーの長年の環境経営の実績が高く評価され、COP21にふさわしいパートナーとして指名されたのです。このことも私は誇らしく思っています。

このCOP21では、日本と世界の間の大きなギャップも痛感しました。当時、日本では、「低炭素社会を目指す」とされていました。しかしCOP21の会場では、「脱炭素社会を実現する」ことが叫ばれていたのです。低炭素社会と脱炭素社会とでは、取り組む姿勢が全く異なります。

脱炭素社会の実現では、新しいビジネスモデルの導入や新しいイノベーションが求められており、実際、COP21の会場では、その実現をビジネスチャンスとして必死につかもうとする企業の熱気を目の当たりにしました。脱炭素社会の実現に向けた新たな挑戦には資金が必要になりますが、投資家グループからは以前にも増して、ESG（環境、社会、企業統治を考慮した投資活動や経営・事業活動）情報の開示が求められるようになっていくのも明らかでした。そうした現実を目前にし、日本企業はまだまだ意識が足りていないと感じました。

さらに、気候変動という社会課題の解決には、企業による事業を通じた貢献が不可欠である以上、勇気を持ってその先頭に立つことこそが、「環境経営」を一歩先んじて進めてきたリコーの使命であると感じました。リコーグループのサステナビリティ活動のスローガンである「Driving Sustainability for Our Future・持続可能な社会を、ビジネスの力で。」は、こうした想いから生まれたものです。

「RE100」に、日本で初めて参加

リコーは2017年に日本企業として初めて「RE100」を宣言しています。RE100とは、リニューアブルエナジー100％の略称で、事業活動で消費するエネルギーを100％再生可能エネルギーで調達することを目標とする国際的イニシアティブです。

2024年6月時点ではRE100に参加する日本企業は88社となり、米国に次いで2番目の規模ですが、当時は、アップルやグーグルなど大きく成長するグローバル企業が参加を表明していた一方で、日本企業の名はそこにはありませんでした。

2017年4月に社長に就任した私にとって、このRE100への参加は最初の大きな決断の一つでした。宣言と同時に、事業を通じて取り組む重要社会課題（マテリアリ

ティ）と、「バリューチェーン全体の温室効果ガス排出ゼロを目指す」「製品の省資源化率９３％」といった２０５０年環境目標も同時に発表しました。

決断に至ったのには、いくつか理由があります。

まず、パリ協定の合意やＳＤＧｓによる社会課題の解決という大きな流れに「付いていく」のではなく、「リードする」立場でいたいと思い、それを社内外に表明しました。気候変動という社会課題の解決に向けた動きは不可逆です。こうした地球規模での課題解決に取り組むことは企業の責務です。であれば、三愛精神を掲げて環境経営にいち早く取り組んできたリコーは、常にその先頭に立つべきだという想いがありました。ＲＥ１００を宣言することで、エネルギーを使う側として、責任を持って声を上げるということの意義も感じていました。

日本企業は海外の企業に比べると再生エネルギーの導入が遅いと指摘されてきました。そうした企業の姿勢が、国内での再生可能エネルギーの供給の遅れにつながっているのであれば、リコーが率先してエネルギーの需要家として再生可能エネルギーを使うと宣言し、積極的な姿勢を示すことです。それにより、日本での再生可能エネルギー活用の機運を高められるのではないかという考えもあったのです。

そうしたことから、ＲＥ１００について社内で提案を受けたときには、他の日本企業が宣言をしていなくても「まだ早い」とは全く思いませんでした。

ただ、再生可能エネルギーへの完全なるシフトには課題が多かったことも事実です。加速させなければならない取り組みがいくつも思い浮かびました。それでも宣言し、実行するのだと決断できたのは、提案をしてくれた社員のおかげです。

その社員に「この宣言をすることで、社員は元気になるだろうか」と聞いたところ、彼は間髪を入れずに力強く「はい！　意義ある挑戦なので、社員のやる気につながります！」と答えました。社員が元気になるのであれば、「本当にできるのだろうか」などとトップが怯（ひる）むわけにはいきません。

宣言後は、日本初ということもあって、多方面から関心を集めました。最も多かった質問は案の定、「本当にできるのですか」というものでした。率直に言えば「できるかどうかは分かりません」。ですが、できるかどうか分からないことこそ、リーダーが「やるんだ」と決意し、方向性を示すべきです。「できないかもしれない」とリーダーが立ち止まっていては、できるものもできません。

明確な目標を掲げれば、アイデアは出やすくなる

組織は何を目指すのか。ありたい姿をリーダーが明確に示せば、目標と現実のギャップが明確になり、そのギャップを埋めるための課題がクリアになります。

その課題が、社員一人ひとりの課題として受け止められれば、各人の実行力は高まり、それは組織の実行力として結実します。特に、目標が先であればあるほど、長期的で継続的な取り組みが必要になるので、その分、多様なアイデアが生まれ、それらは組織内の各所で、創造的な仕事として取り組まれていくことになります。

脱炭素社会実現のアプローチの一つであるカーボンニュートラルの達成もそうです。事業活動で消費するエネルギーを100%再生可能エネルギーで調達することだけではなく、社員一人ひとりが、自分が働いている工場やオフィスからのCO_2排出量をどうやって減らすかを考えるようになります。それだけでなく、自分が関わっている製品やサービスを通じて、いかにしてお客さまの排出量を減らすことができるかを考えるようになります。

RE100の宣言後、静岡県にある沼津事業所の社員から、CO_2削減のアイデアが

沼津事業所。リコーの工場の中で最も多くの電力を消費している

あると声が挙がりました。沼津事業所はトナーを作る工場です。実は、リコーの工場の中で最も多くの電力を消費しCO_2を排出していたのがこの沼津事業所でした。

高い目標を達成するためには、この沼津事業所でのCO_2排出量の削減は絶対に避けては通れません。沼津で働く人たちもよく分かっていました。だからこそ、自分事としてできることを考えてくれたのだと思います。「20億円かければ、CO_2排出量は半減できます」と提案がありました。

どのようにCO_2の排出量を減らすのか、具体性のある提案でした。しかし私は、その提案を受け入れませんでした。ただ、却下したわけでもありません。

問題はタイミングでした。そもそも、完全に再生可能エネルギーへシフトするという目標は、長期目標です。今すぐに実現できれば理想的ですが、その理想だけを追い求めると、「利益創出」と「環境負荷低減」を同時実現するという方針が崩れかねません。

技術開発は、ある瞬間を超えると加速度的に進みます。そこで、そのタイミングを待ち、経済合理性が十分に見合うと判断できる状況になったら導入しようと提案してくれた社員に伝えたのです。

ただ、沼津事業所など何カ所もの現場から具体的なアイデアが集まったことに私は勇気づけられ、また、うれしくもなりました。数々のアイデアの背後には、自分たちの職場で再生可能エネルギー１００％を実現するために、主体的に既存の事業を見直し、社内外にある技術を調査し、どれが最適なのかを検討する社員がいます。社員がイキイキと自主的に行動する姿を強く感じられることが、私にとって何よりの歓びなのです。

達成すべき目標値が明確で、その実現が社会にとって、またはリコーにとってどのような意義があるのかが分かると、社員は１２０％、１３０％の力を出してくれる。それを改めて実感した出来事でした。

会社全体で再生可能エネルギー100%を実現するなら、自分の工場では、オフィスでは、何をすべきか。長期的でかつ大きな目標を達成するには、このように社員一人ひとりが目標を一当事者として捉え、向き合うことが不可欠です。このプロセスがなければ、いくらリーダーが旗を振っても変革は起こりません。

現在リコーでは、環境経営の考え方を一歩進め、その発展形であるサステナビリティ経営の実現のため、「ESGと事業成長の同軸化」を掲げています。

そもそもなぜ、企業はESGへの取り組みを強化しなければならないのでしょうか。投資家や消費者、すなわちステークホルダーがそれを求めるからだというのも一つの答えでしょう。求められているということは、「そうしなさい」という外圧を受けているということです。しかし、外圧だけでは組織は変わりません。

リコーでは、ESGに取り組む理由をリコーの内部にも見出しています。

持続可能な社会の姿を、経済（Prosperity）、社会（People）、地球環境（Planet）の3つのPのバランスが保たれている社会「Three Ps Balance」であると考えています。そして、この持続可能な社会の実現に貢献し続けるには、リコー自らが持続的に成長する必要があると考えています。そうした信念こそが、推進の原動力となっています。

ＥＳＧを経営システムに組み込む

リコーは自らもサステナブルに成長しながら、「Ｔｈｒｅｅ Ｐｓ Ｂａｌａｎｃｅ」の実現に貢献するため、ＥＳＧへの取り組みを強化する。これが、私の考えるサステナビリティ経営の在り方です。

では、いかにして「Ｔｈｒｅｅ Ｐｓ Ｂａｌａｎｃｅ」の実現に貢献するのか。それを分かりやすくするため、ＳＤＧｓの17の目標の中から12個を選び、リコーのマテリアリティ（重要社会課題）と紐（ひも）づけました。この作業をしていたのは、まだＳＤＧｓという言葉が今ほど世の中に浸透していなかった時期でした。

社内からは「また山下さんが新しいことを言い出した」という声も聞こえてきました。確かにＳＤＧｓという言葉はまだ耳慣れないものでした。しかしその意味するものは、新しいものというよりも、これまでも意識してきたことだと感じました。なぜならリコーには、三愛精神があるからです。

ですから私は、新しいことを言っているわけではないんだと説明したうえで、「これまでも、三愛精神のもとで進めてきたリコーの事業の先には社会課題の解決があった。今の事業はＳＤＧｓのどこかに必ず結びついている。この機会に、具体的にどの社会課題の解決に貢献しているのかを確認しよう」と呼び掛けるようにしました。

現在、リコーのマテリアリティは７つあります。

まず「事業を通じた社会課題解決」に寄与するものとして、「〝はたらく〟の変革」「地域・社会の発展」「脱炭素社会の実現」「循環型社会の実現」があり、それを支える「経営基盤の強化」として「責任あるビジネスプロセスの構築」「オープンイノベーションの強化」「多様な人材の活躍」があります。

これら７つのマテリアリティごとに、リコーグループ全社の「ＥＳＧ目標」を定めました。そしてこの全社目標を、各ビジネスユニット（ＢＵ）の「ＥＳＧ目標」へとブレークダウンしています。

例えば、循環型社会の実現というマテリアリティについては、リコーデジタルサービスＢＵでは「再生した複合機の販売台数」に、リコーデジタルプロダクツＢＵやリコーグラフィックコミュニケーションズBUでは「製品における新規資源使用率」といった具体的な目標に落とし込んでいます。

こうすることで、社員全員が自分の仕事が会社に貢献できているかだけではなく、社会にどのように役立っているかを自ら語れるようになるのではないかと考えたのです。このESG目標の達成は、役員報酬にも連動させることで経営の責任も明確にしました。

ESGは非財務ではなく「将来財務」

ESGに関する目標は、売り上げや利益といった財務目標と対比して、非財務目標と言われることが多いようですが、リコーでは、ESG目標を非財務目標ではなく「将来財務目標」と呼んでいます。

ESGの取り組みは、3~10年後の将来に必ずや財務を生むと考えているからです。これは、第4章で触れた経営哲学、「儲けるより儲かる。道に即してやれば、自然に儲かる。その利益は無限大」に通じるものです。

私は、「環境経営」やその発展型である「ESGと事業成長の同軸化」によるサステナビリティ経営は、人の道に即した経営だと思っています。

まだ使えるものを使い続けるというのは、多くの人の心に共通する価値観です。その価値観を大切にしてビジネスに活かすことは、すぐには売り上げや利益に結びつかなくても、場合によっては短期的に新品の売り上げに悪影響を及ぼしても、いずれビジネスの拡大につながるだろうと信じて取り組みを推進してきました。

複合機の再生事業もその一つです。そして、複合機の再生事業は現在、約300億円の売り上げを生み出す事業に成長しています。

ただ、複合機の再生事業は、リコーにとって「環境経営」やその発展型である「ESGと事業成長の同軸化」によるサステナビリティ経営のごく一部分に過ぎません。では、それ以外の部分も含めた過去のESGの取り組みは、今、いったいどの程度の財務的な利益をもたらしているのでしょうか。

これを定量的に把握するのは簡単ではありませんが、今、リコーなりにその答えを探る作業を進めています。

過去のESGの取り組みが今の「財務価値」にどのような影響を与えているのかを数字で示すことができれば、これまでの取り組みが正しかったことが立証できます。さらに、今のＥＳＧの取り組みが、将来のリコーの財務指標にどのような影響を与えそうかをより具体的に予測する材料にもなります。

この算出とその結果の開示は、リコーの活動にとって追い風になると期待しています。また、リコー以外の会社の皆さんにとっても、そして社会や未来の地球にとっても、ＥＳＧの取り組みは不可欠で必要なことなのだということを証明する材料になるのではないでしょうか。こうした材料の提供も、先んじて将来財務価値の向上に取り組んできたリコーの新たな責務の一つだと考えています。

将来財務価値を財務価値に結びつけるという考え方は、社会全体で共有し、共に取り組んでいくべきものだと私は考えます。

２０２０年6月に、気候変動対策に積極的に取り組む企業や自治体、ＮＧＯなどのネットワークである「気候変動イニシアティブ（Japan Climate Initiative)」の一員として、私は小泉進次郎環境大臣（当時）との意見交換会に参加しました。

その場で私は、「経済の回復と緑の回復が同軸であるべき。グリーン・リカバリー（環境保全に貢献する技術や企業への投資で経済を活性化させる景気刺激策）の視点を持って日本社会・経済の変革を進めることが重要だ。我々リコーとしても働き方改革などを実行するうえで、脱炭素社会づくりという視点を重ね合わせて取り組んでいく」と提言しました。

これはちょうど、新型コロナが猛威を振るっていた時期でした。多くの国で外出が制限され、経済活動が停滞し、移動も減り、その結果、世界のCO_2排出量が減少していた時期でもあります。それをリバウンドさせてはならないという考えに共感し、企業経営をする立場からその重要性を伝えたのです。

産業革命以降増え続けたCO_2排出量は、コロナ以前にも、減少した時期がありました。２００８年のリーマンショックに端を発した金融危機によって、経済活動が滞った頃です。しかしこのときは経済が回復するとともに、CO_2排出量も増加に転じました。今はこうした後戻りは許されない状況にあると思います。

先日、その想いを新たにしました。２０２４年、久しぶりに米国の工場を視察し、その足でパナマ運河を訪れました。パナマ運河は、北米大陸と南米大陸をつなぐ辺りに位置するパナマに造られた、太平洋と大西洋を結ぶ交通の要所です。

新型コロナウイルスの感染が拡大すると、世界各国で消費のスタイルが同時に変化し海運が活況づきました。ところがパナマ運河では通航する船の数を増やせませんでした。幅が最大でも200mほどしかないという以前からの課題もあるのですが、それをより深刻にしていたのが水不足でした。気候変動の影響で水深が浅くなり、大きな船が通航できなくなり、それが物流を滞らせていたのです。

パナマ運河を通航する貨物を発着国ごとに整理すると、トップ3は米国、中国、そして日本です。気候変動は、既に十分すぎるほどに生活に影響を与えています。経済の回復は緑の回復あってこそ。経済だけを回復させるということではなく、緑の回復との同時実現こそが重要なのです。

ESGの推進者は社員

社員への2つの質問

先ほど、リコーでは会社全体のESG目標を、BUごとのESG目標にブレークダウンしていることを紹介しました。そして組織だけでなく、社員一人ひとりの活動にもESG目標を紐づけることで、社員全員が、SDGs達成のために自分は何をしたらいいのかを把握できるようにしています。

そのうえで、社員一人ひとりが具体的にできることをそれぞれに宣言してもらっています。これは、持続可能な社会の実現のためにできることを自ら考え、言語化するというものです。言語化した宣言は、日々、意識できるようにしています。

2024年に社員を対象に実施した調査では、回答者の95％が「自分の業務を通して社会課題解決に取り組めている」と回答しています。また、92％の社員が「自分の社会課題解決への取り組みが、働きがいにつながっている」と回答しています。

社員一人ひとりがＥＳＧの推進者となり、自らの活動が社会課題の解決につながっているという実感することも、「〝はたらく〟に歓びを」の実現につながっていくのです。

私は、社員と顔を合わせるとよく「仕事で歓びを感じていますか？」「仕事を通じて世の中の役に立っていますか？」と尋ねます。それを最大の関心事としてほしいからです。社員自身が自分の仕事と社会のつながりをどう感じているか、その実感を大切にしてほしいと思っています。


以前、英国駐在中にまだ幼かった娘に「お父さんは何の仕事をしているの」と聞かれたことがあります。当時の私の仕事は、工場の経営管理。娘に分かるようにと自分なりに説明をしたつもりでしたが、再び質問されました。

「そうじゃなくて、地球のためにどんな風に役に立っているの？」

きっと、学校の先生にそう聞くようにと言われたのでしょう。

しかし私はハッとさせられました。そしてなるほどと思いました。

常に地球や社会のことを考えていれば、自分の仕事と社会課題の解決がしっかりと紐づけられていれば、この問いにはすぐに答えられるはずです。しかも、「こんなに速く印刷できるものを作っている」「こんなにお金を稼いでいる」と口にするときとは少し違う種類のはたらく歓びが感じられるはずです。

もう一つ、社員によるESG推進の事例を紹介します。

リコーグループの販売会社であるリコージャパンでは、2018年から、社内外にSDGsを浸透させ、取り組みを推進する役割を担う「SDGsキーパーソン制度」を導入しています。

このSDGsキーパーソンには、リコー社内での取り組みを成功事例だけではなく失敗したことも含めてお客さまとも共有し、お客さまがSDGsの達成に向けて取り組む際に役立ててもらう担当者としても活躍してもらっています。これは、お客さまとの日頃のコミュニケーションから、どのようにSDGsに取り組んだらいいか迷っているお客さまが多いことが分かったために始めたものです。

SDGsの原則、「誰一人取り残さない」は、「すべての人が取り組む」ことで実現できるものと考えます。企業も、その規模にかかわらず活動をすべきです。もしお客さまがどう取り組めばいいのかと悩んでいるのであれば、リコーはぜひお手伝いをしたいと考えました。

第3章でも触れましたが、そもそもリコーは、中小企業、さらには地域とのお付き合いが深い企業です。全国に拠点があり、多くの地域の自治体と連携協定も締結してそれぞれの地域の課題解決にともに取り組んでいます。

ＳＤＧｓについてお客さまに説明し、理解し歓んでいただくことはＳＤＧｓキーパーソン自身のはたらく歓びにもなっています。最初は約90人でスタートしたＳＤＧｓキーパーソンは、２０２４年7月には約７４０人まで増えています。

地球は未来から借りている

この章の冒頭で、マーシャル諸島のヒルダ・ハイネ大統領とのエピソードを紹介しました。このときの「Ｃｌｉｍａｔｅ Ｗｅｅｋ ＮＹＣ」の会場でのことはとても印象深いものので、今でも細部まで鮮明に覚えています。

この意義あるイベントのオープニングセレモニーで基調講演を任されるというのは大

変光栄なことでした。日本で初めてＲＥ１００に参加表明したことをはじめ、リコーが長年、環境経営に積極的に取り組んできたことが評価されてのことです。

私はこの講演で、リコーの三愛精神を紹介しました。そして、「国を愛す」という考えは、地球環境を大切にする、というサステナビリティの考えにつながるものであることも訴えました。それと同時に、環境経営の実践など、事業活動を通じて社会課題の解決に取り組んできたことも話しました。そして最後を、私が環境問題に向き合ううえで常に頭に置いている格言で締めくくりました。

「私たちは祖先からこの地球を受け継いだのではない、未来の子どもたちたちから預かっているのだ（We do not inherit the earth from our ancestors, we borrow it from our children.)」。これはネイティブアメリカンに伝わる言葉だと言われています。

私はこの考え方に全面的に賛同しています。あったものを受け継ぎ、それを次世代に渡すと考えると、受け継いだときにあった瑕疵（かし）はそのまま回復できなくても仕方のないものと考えてしまうかもしれません。加えて、預かっている間に多少汚れたり劣化したりしても当たり前だと甘えてしまい、自分たちの代でそれをきれいにしようという発想もなかなか湧いてこないでしょう。

しかし、未来から預かっているとなると違います。本来であれば、全く汚れのない新品の地球を手にする権利のある未来の子どもたちに対して、汚れや劣化はあまりにも失礼ですし、申し訳が立ちません。少しでもきれいに磨いて受け渡し、未来の子どもたちの負担をできるだけ減らそうという想いが生まれてくるはずです。

この格言は、22年10月にロンドンで開催された「Reuters IMPACT 2022」での基調講演でも引用しました。講演テーマは、「Empowering employees to be ESG Advocates（社員をＥＳＧ推進者にするには）」というものです。

この日の講演の締めくくりには、４年前のニューヨークでのそれにはなかった、極めてプライベートな話も付け加えました。実はこの講演が始まる30分ほど前に、私は長女の夫から、無事に初めての出産を終えたというメールを受け取っていたのです。

大好きな格言に初孫の誕生というニュースを添えると、会場は私が想像もしていなかったほどの大きな拍手が湧き起こりました。思わず目頭が熱くなりました。借りたときよりもきれいにして地球を未来に返したいという気持ちをより一層強くしたことを伝え、私は決意と感謝を胸に演台を降りました。

第6章

「創造力の発揮」が求められる未来へ向けて

〝はたらく〟の未来はしかるべき方向に進んでいる

「生産性の向上」から「創造力の発揮」へ

テクノロジーは日進月歩で進化しています。これから人間はますます、ロボットやAI、RPAなどデジタルによって3M（面倒、マンネリ、ミスできない）な仕事を機械に任せ、それにより得た時間で、創造力を活かした人間らしい仕事をしていくことになります。

私は、これらのテクノロジーの進化によって、働くことで求められている「生産性の向上」という大きな指標の役目が終わると考えています。

現在の資本主義経済という社会システムは、18世紀後半に英国で起こった産業革命をきっかけに構築されたものです。資本主義を採用している国では、働いた人が生み出した価値の合計を国内総生産、いわゆるＧＤＰを指標として経済力の大きさを見ています。それを働いた人の数で割ったものが１人当たりのＧＤＰですが、これを、生産性を表す指標としているわけです。この数字の意味は、技術が進化すると変わっていきます。

例えば、ＡＩなどの進化によって公共バスが自動運転システムによって無人になったとします。そうなると、これまで「人が運転する」ことで提供されてきた「利用者が移動するという価値」が、機械によって提供されるようになります。人が働いていた部分を機械が代替するということです。

つまり、自動運転バスは利用者に移動という価値を提供しますが、その価値と人の生産性とは関係がなくなるということです。水道があれば、人が井戸から水を汲んでくるという行為は不要になるのと同じで、この場面で、人による運転の生産性を向上する必要も、議論すること自体も意味がなくなってしまうのです。

このようなテクノロジーの進歩によって、これまで議論され試みられてきた多くの「生産性の向上」の重要性は、未来には薄れます。

では、そうした未来に、人が大切にすることは何か。考えれば考えるほど、私はリコーが1977年にOAを提唱したときに示した「機械にできることは機械にまかせ、人はより創造的な仕事をするべきである」という考えにたどり着きます。

人が働くことの意味は、「生産性の向上」から「創造力の発揮」へシフトしていきます。この変化は、「必要に応じてやらなければならない仕事」から「人が自らの意思に基づいてやってみたい仕事」へのシフトとも言い換えることができます。そして、シフト後の仕事こそが、本来、人のする仕事だと言えるのではないでしょうか。

このように、働く内容が変化すると、働くことで得られる「充足感」や「達成感」、「自己実現」を実感することは、人間にとって最も大切な感情になると私は思っています。リコーは、その想いを「〝はたらく〟に歓びを」という言葉に込めて、変革に邁進しています。

いつまで「産業革命後」を続けるのか

人がするべき仕事は、「生産性の向上」から「創造力の発揮」へとシフトします。では、これまでなぜ、生産性の向上が求められてきたのでしょうか。先ほども述べた通り、私はそのきっかけは産業革命にあったと考えています。

私は英国駐在時代にアイアンブリッジを見かけるたびに産業革命に想いを馳(は)せていたわけですが、その産業革命は社会にとてつもない変化をもたらしました。鉄が量産できるようになったことで、多様な産業が栄え、工業化が進み、世の中は「大量生産・大量消費」の時代を迎えます。その変化が「一度により多くを生産できることが善」であるという価値観を生み、社会に根づいていきました。

日本にもその価値観は押し寄せました。そして20世紀半ばに戦争に敗れたことで、西洋の価値観の土俵のうえで一刻も早く他国に追いつきたい、そしてできれば勝ちたいという想いは一層、強くなったのではないでしょうか。リコーを含め多くの企業は、そうした想いでたくさんのものを生産し、販売してきました。

その頃のような大量生産・大量消費の価値観が中心となっている社会では、質が安定した製品を継続的に市場に供給し続けることが重視されます。企業では、仮に製造過程でトラブルがあっても、それを早期に解決して納期には何としてでも間に合わせるようなマネジメント能力が求められ、それができる管理者が重宝されます。

同じ目的で、モノづくりの現場では分業化が進みました。一人があれもこれもこなすより、決まった仕事だけをしているほうが効率がいいからです。

この結果、管理者は、人を管理するのではなく細かく分けられたタスクを管理するようになりました。そして今、タスクのうちのいくつかは既にロボットやＡＩ、ＲＰＡに置き換えられています。こうした置換という現象だけに注目すれば、今もなお、大量生産・大量消費へのチューニングが進んでいるかのようです。

ただ第2章で触れたように、いずれ大量生産・大量消費の時代は変わります。このとき、社会の中で今以上に必要になるのが「専門性」なのです。ただ、このような価値観が戻ってきたときに企業にとって問題になるのは、そう簡単には専門性の高い人材は育成できないということです。

人が匠と呼ばれるようになるまでには修業期間が必要です。だからリコーではジョブ型人事制度を導入し、世の中から指名されるような専門性を身につけて、創造的な仕事をし、そしてそれをどんどん自信を持って語るようになってほしいと思っています。

これからの〝はたらく〟を考える

前の章でも触れましたが、私は「仕事を通じて世の中の役に立っていますか」「仕事で歓びを感じていますか」と、日本中、世界中のリコーの拠点に出向き、そこで働く人たちには必ずと言っていいほどそう問い掛けてきました。

私自身は、少なくとも2017年以降は、歓びを感じながら働けています。私と同じようにリコーで働くことを選んだ人たちが、イキイキと働く様子を目の当たりにすることができたからです。彼らは、モチベーション高く、創造的な仕事にチャレンジしています。2017年から、時間がたてばたつほど、そう感じることが増えてきました。リコーはイキイキと働ける職場に近づいてきている、そう自負しています。

2023年、私はリコーの会長になりましたので、リコー以外の組織でも活動をする機会が増え、新しく出会う人も増えました。私は今後、できるだけ多くの人に「はたらく歓び」を実感してほしいと思っています。そして、「そのためにできるだけのこと」をしていきます。そうして私自身も今まで以上に、「はたらく歓び」をかみ締めたいと思っています。

能動的に「愛する」こと…

「まさか！」とは思わない

人間は、仕事だけをして生きているわけではありません。それぞれに人生があり、生活があり、その一部として仕事があります。

世の中も同じです。仕事だけが存在しているわけではなく、地球があり社会があり、その一部として仕事があります。従って、地球や社会が変化すれば、仕事自体もその影響を大きく受けます。どのような変化がどのような影響を与えるのか、これを予測するのは難しいことではないと思っています。

この世の中は「不確実」だと言われます。Volatility（変動性）、Uncertainty（不確実性）、Complexity（複雑性）、Ambiguity（曖昧性）の頭文字を並べ、今は「ＶＵＣＡ」の時代だという人もいます。

私がリコーの社長だった2017年から2023年の6年間も、まさにそうした時代を象徴する6年間だったのかもしれません。新型コロナウイルスの感染拡大、ウクライナ情勢、AIなど多様なテクノロジーの進化など、めまぐるしい変化が予想もしない速さで到来しました。

例えば、この新型コロナウイルスのような感染症の拡大が予測できていなかった人は多かったでしょう。一方で、多くの企業は緊急事態における事業継続計画（ビジネスコンティニュイティプラン＝BCP）を策定しています。そこでは、地震や台風などの「自然災害」や「インフルエンザの流行」などの影響で、通常通りの事業運営ができなくなった場合にどうするかが決められています。

つまり世の中は「不確実なことが確実」なのです。そして、この不確実なことが確実であるという覚悟のもと、想定外の状況になったとしても適切に対処できるようにしっかり備えておくことが重要なのです。これはあらゆることを想定するということとも異なります。すべてを想定することは不可能だからです。それまで当たり前と思っていたことが崩れることもある、という前提で常に次の手を考えておくということです。

そしてもう一つ大事なことは、何かが起きてから動くのではなく、「変化の可能性に対して先手を打つこと」です。何かのきっかけで前提が崩れることを予測し、それに備えるのは経営として特別なことではありません。

私事になりますが、私は小唄を習っています。小唄には、歌詞と〝節回し〟を示す記号が書かれたものはあるのですが、楽譜がありません。三味線の音色を聞きながら、先生の口元を見て曲を覚えないとならないため、かなりの集中力が必要になります。日々の経営にも、お手本はありません。常に集中して、先手を打っていくのみなのです。

もしも今、かつての経営と比べてより求められるものがあるとするなら、それは「速さ」だと思います。「前提が崩れる速さ」、それが「影響を与える速さ」、この速さに置いていかれないように備え、「ときには先手を打って先に変わる」。この必要性を、私たちは不確実という言葉で表現しているように思います。

つまり世の中は不確実なことが確実であり、その変化は一気に起こることがあるということです。

誰が言い出したのか分かりませんが、よく「人生には3つの坂」があると言います。

「上り坂」「下り坂」、そして「まさか」という坂があるというわけです。今が不確実性の時代であるのなら、このまさかが、かつてと比べるととても増えているということなのかもしれません。

そしてこのまさかは、本当は上り坂かもしれないし、下り坂かもしれない。もしかすると坂ですらないかもしれない。なぜなら、まさかと思うのは私たち人だからです。そして、同じ道を見ても、同じ現象に遭遇しても、ある人はまさかと思い、別の人はまさかとは思わないこともあります。

私はできるだけ、「まさかと思わない」ようにしてきました。まさかと思ってしまうと動揺してしまい、適切な処置ができないような気がするからです。このため、まさかと思いたくなるようなことが起こっても、「こういうこともあるのかと、まずは受け入れる」ようにしてきました。

最初にまさかを受け入れたのは、英国への赴任が決まったときでした。

中国工場の立ち上げを担当していた頃の私は、中国駐在の可能性を感じていました。中国へ行くことになったらどうしようかと家族で話し合いもしましたが、結果的には英国に赴任することになりました。米国に赴任するときも、その直前までリーダーとして進めていたタイの新工場でマネジメントをしてみたかったというのが本音です。米国行きとなったことは、第4章でも述べました。

「そうきたか」で素早く対処

これらのことは私の個人的なまさかではありましたが、そうやって巡ってきた仕事のことも、そこで出会う人のこともまずは受け入れるように努めてきました。もっとも、若い頃にはなかなかそうは考えることができず、思いもよらない嫌なことがあると「辞めてやる!」と思ったこともありました。ともあれ、こうした経験を経て、「まさか」を「まさかにしない」という考え方ができるようになったのは、社長として仕事をするうえでも大いに役に立ちました。

コロナについて言えば、世の中に感染症というものがあることは知っていましたし、感染症が流行すれば以前とは同じような生活、働き方はできなくなることは頭では理解していました。ただ、新型コロナウイルスの感染拡大のようなものをリアルに想像できていたかというとできていませんでした。

コロナ禍の到来は、リコーが再起動を終えて挑戦へ移ったタイミングでもあったので「まさか」と言いたくもなりました。一方で、これは誰にとっても、どの会社にとっても「まさか」であろうと思いました。つまり、私だけに訪れたまさかではないのです。そう考えるとなぜか気楽になり、ではこれを機に何をしようかと思考するようになりました。

恐らく、これからの世の中にも、頻繁にまさかのようなことが訪れるでしょう。そのたびに立ち止まり動揺していては、変化の早い時代に取り残されてしまいます。だからこそ、「まさか」ではなく「そうきたか」と受け止め、素早く判断することが必要と覚悟しています。

素早く判断し行動につなげるには、組織はそれが可能な体制になっている必要があります。

第3章で詳しく述べたように、2021年にカンパニー制を導入した理由の一つに、権限委譲がありました。それまで社長に集中していた仕事を各カンパニーの責任者に任せることでカンパニーでは決断が早くなり、社長は社長にしかできない仕事に使える時間が増えました。

社長にしかできない仕事は、第3章で触れた現場訪問やトップセールスなど以外にもあります。例えば、「10年後あるいは30年後の会社をどうするかを考え、方向性を定める」ことです。これは、カンパニー長には決められません。株主に決めてもらうことでもありません。

明日の生産や営業をどうするかについては、現場のほうがよく知っていて、社長よりも正しい判断を下せます。しかし10年後30年後となると、その予測を現場に任せるのは権限委譲ではなく放棄です。

30年後、私はリコーの経営には関わっていません。今から30年後を想像し、そのときにリコーはどうあるべきかを考えるのはとても難しいことです。しかし、それを考え、先を見据えた舵取りをするのが社長の責務だと私は考えます。

テクノロジーで対処の幅が広がる

リコーでは、新型コロナウイルスの感染拡大前にリモートワーク制度を導入し、緊急事態宣言発出を受け、その制度をより柔軟に変化させてきました。その後、皆さんもよくご存じのように、緊急事態宣言は発出されなくなり日常の生活が戻ってきました。それを受け、私自身もリモートワークの日が減り、出社することが増えてきました。

とはいえリコーでは、リモートワーク制度を縮小したりやめてしまったりすることは考えていません。なぜなら、働く人の選択肢は多いほうがいいからです。リモートワークであれば働ける、リモートワークであれば仕事をやめなくて済む人がいる以上、制度はあったほうがいいに決まっています。

理由はもう一つあります。

環境対策としての温室効果ガスの排出削減という流れ、方向性が今後は変わらないのと同じように、働く場所の自由化という流れ、方向性も変わらないからです。

もし今が１９９０年代であったなら、新型コロナウイルスの流行が収まったら、とたんに皆、出社していたでしょう。この頃はまだ職場以外で仕事をするためのテクノロジーがそろっていなかったからです。家から会社のキャビネットに置いてある資料を参照したり、全員が自宅から参加する会議を運営したりということが、技術的に難しかったということが背景にありました。

しかし今ならできます。デジタル化して資料をデータとしてクラウドに置いておけば、職場や自宅からではなくてもどこからでも資料にアクセスできます。会議も、デバイスとWi－Fiさえあれば、旅行先からだって参加可能です。これはつまり、「職場とそれ以外の場所の境」「就業時間とそれ以外の時間の境」が薄れるということです。さらには「会社とそれ以外の職場という境」も薄れていくと予想しています。

このことは、今後起こりうるさまざまなまさかも、テクノロジーの進展によっていかようにも対処できるようになる、と捉えることもできます。

「その手」を見つけて実行することが創造

人は、自分は何ができるのかを自信を持って言えるようになると、自己紹介の方法が変わります。私は、あるときから「リコーの山下です」ではなく、「山下です」と自己紹介するようになりました。

「山下です。人と環境を重視した経営の経験があります。現在はリコーの会長です」、こんな具合です。今現在どの組織に所属しているかよりも、どんなことができるのかを紹介するようになるのです。

実は私は若い頃に「リコーの山下です」という自己紹介をやめて、ダイレクトに「山下です」と名乗ることに決めました。これは、何ができる人間なのか、あるいは自分の専門性は何なのかという話とは少し違うのですが、自分の個性でしか戦えないという状況にあったためでした。振り返ってみるとこの経験により、働く人は一人ひとりが大事だという想いが芽生えたと思います。

少し話を続けると、これは1986年に台湾を訪れたときのことです。1985年のプラザ合意で急激に円高になりましたので、日本メーカーは一斉に海外の部品調達に動いたのです。リコーも例外ではありませんでした。その役を命じられたのが私でした。とにかく片っ端から現地の部品製造業に電話を掛け、アポイントが取れれば見積もり依頼に出掛けます。

そこで「リコーの山下です」と挨拶するわけですが、台湾の製造業の人はリコーのことを詳しくは知らず、リコーと言っても何の役にも立たないのです。「名刺で仕事はできない、体当たりするしかない」と覚悟し、調達に奔走したのです。専門性とは言いがたい状況ですが、このときは「やる気になれば何でもできる！」という猪突猛進の青年としての個性が発揮できたと思っています。

さて、私にはこれができるという社員が増えると、会社という組織は、専門的な能力のある個人の集まりになります。そうなるのが理想的です。

現実には、欲しい能力の持ち主が社内に見当たらないこともあるでしょう。そのときに会社はどうするのか。社員に力を付けてもらうというのも一つの手ですが、その能力の持ち主に会社に加わってもらうという方法もあります。従来、それは転職という形で実現しましたが、今後は、この会社のためには週に1日だけ自分の能力を使うといった働き方も増えていくと思います。

これはつまり、個々の社員と会社が対等になる理由にもつながりますし、「個が際立つと、会社と会社の境が曖昧になっていく」ということでもあります。自分の能力について自信を持って語れるようになり、その能力に対して社内外からオファーが来るようになると、その人と会社との関係は以前とは異なっていくのです。

ただ、だからといってこれからは完全なる個人主義が台頭することになるのかというと、そうでもないと思っています。

というのも、大きなイノベーションは個人からは生まれず、人と人とのコミュニケーションによる化学反応から生まれるからです。人が社内でのコミュニケーションで生み出す価値はここから先もずっと高いままでしょう。そして、会社という境が薄れ、これまでにはなかった個と個のコミュニケーションが増えることで、新たな化学反応が起こり、新たな価値も生まれやすくなります。

その可能性の拡大は、社会課題の解決に向けたプロジェクトなどで実感できるようになるはずです。こうしたプロジェクトは社内だけで進めることもできますが、それではアイデアにも化学反応にも限界があります。会社という枠を取り払いもっとオープンなチームで取り組めば、より規模の大きな、「その手があったか」と驚かされるようなイノベーションが生み出されるでしょう。

今まさに社会で求められているのは、従来の延長線上の働き方では解決できない課題を解決する、「多彩な個による化学反応」としてのイノベーションです。

裏を返せば、会社という概念が今よりも薄く弱くなり、境が曖昧になる社会を、社会自体が求めているということです。会社という組織が消滅するとは思いませんが、今後30年から50年ほどは、個が際立つのとは対照的に、会社の存在感が薄れるのはある意味当然の流れだと思います。

既存の枠は多様な場面で変容していきます。職場とそれ以外、就業時間とそれ以外、会社とそれ以外の境が曖昧になり、その結果、個が際立ち、個と個が互いに混じり合いやすい社会が訪れれば、それまでの枠ありきの社会では解決できずに残されていた課題も解決していく。その数は一つや二つではないはずです。

そうやって、境が曖昧になったことでさまざまな課題が解決すると、今度は枠が薄れた社会では解決できない課題が残りそうです。すると、再び、薄れていた枠や曖昧になっていた境を明確にしようという動きが生まれるかもしれません。それでも私はやはり、人類の長い歴史というスパンで見ると、今ほど「境が明確な時代のほうが珍しい」のではないかと思うのです。

「愛する」ことで望む未来がやってくる

さて、創造的な仕事とは何かというお話に戻りましょう。

私は、「まさか」と立ち止まってしまわずに、「そうきたか」と受け止め、必要に応じて「多様な人々とつながり」ながら、「その手」を探す。このプロセスこそが、私は人間らしい創造的な仕事の王道であると考えます。

もっと簡単なプロセスとしては、人が困っていること、解決したいと思っていることを、さっと解決できたとき、それはそこで創造的な仕事がされたということです。手品のような鮮やかなテクニックはなくても構いません。思わず「その手があったか」と言いたくなるような、ちょっとした発想の転換、新しい視点でのアイデア、すぐに試してみる姿勢、それが創造的な仕事を生み出します。

その人だから思いつき、やってみなければできなかったことをできるようにしたのであれば、その人は「クリエイター」であり、「イノベーター」です。

そのクリエイター、イノベーターのもたらした「成果」は誰かに必ず「感謝」されます。感謝されれば、そのクリエイター、イノベーター＝人は、その仕事に歓びを感じます。創造的な仕事とは、そうした歓びのサイクルを回す仕事です。最初は小さなことでもいいのです。

本書の冒頭、はじめにで紹介しましたが、バスを乗り間違えた受験生（私）のためにバス停ではないところでバスを停める（これは自動運転バスではできないでしょう）のも、道に迷って遅れた就職活動中の私のために面接の順番を入れ替えるのも、途方に暮れている取引先（私）のために寮の一角を提供するのも、創造的な仕事だと私は思います。経験を活かした、人間らしい適切な判断により支えられたからこそ、今の私があるのです。

では、そうした創造的な仕事の原点はどこにあるのか。なぜ、仕事で創造力を発揮したいという気持ちが湧いてくるのか。それは、仕事に対して「能動的に取り組んでいる」からです。言い換えれば、「その仕事への愛」があり、「そうやって働くことに歓びを覚える」からです。

『愛の試み』を読んで若き日の私が学んだことになぞらえれば、「仕事から愛を得るには仕事を愛する」ことが必要で、その「仕事を愛するという想いは、仕事から得られる愛よりも100倍、尊い」のです。

こうした構図は仕事に限った話ではありません。こちらから近づき理解し愛そうとする姿勢、そうした想いを反映させた行動が、向けられる愛を育み大きくしていきます。

読者の皆さんと共に、人を愛し、国（地球）を愛し、そして勤めを愛することで、生きる歓びを感じることができたら幸せです。

この世の中が、「はたらく歓び」だけでなく、あらゆるものを「能動的に愛する歓び」を実感できる人で満ちたなら、不確実な未来も恐れることはありません。そうした未来は必ず、未来を愛する私たちを愛してくれるはずだからです。

私の内なる三愛

リコー入社以来、ときには上司に盾突き、ときには「辞める」と宣言しながら、私なりにリコーでの勤めを愛してきました。そして、人や国（地球）についても、個人として私なりに愛してきたつもりです。

そう意識するようになったのは、英国駐在を経験してからでした。

英国駐在は、私にとって初めての海外赴任です。緊張も不安もありましたが、それ以上に希望と期待がありました。どんな出来事が、どんな「まさか」が待ち構えているのか、それを体験してみたいという想いが強かったからです。

赴任後に最初に変わったと実感したのは私のプライベートな生活です。

当時、私は30代半ば。自身の時間の大半を仕事に費やしていました。典型的な、その時代の、その世代のサラリーマンだったといえるでしょう。朝は早くに家を出て帰りは遅く、週末も仕事をすることがたびたびありました。

そうした仕事一辺倒の生活は、英国で変わりました。現地の従業員は、一生懸命に働きもするけれど、それ以上にプライベートの時間も大切にしています。

　私たち家族も、自然と、一緒に過ごす時間が増えました。


　海外での生活は私だけでなく、妻にとっても、赴任当時6歳と3歳だった娘にとっても、初めてのことでした。当時はもちろんインターネットなんて便利なものはありません。赴任までに得られる情報も限られており、家族そろっての初めての海外での生活は、驚きの連続でした。なんといっても、新聞でさえ週に2回まとめて届くといった状況でした。

　当時、テルフォードにはいくつかの日系企業が進出しており、日本人も暮らしていましたが、日本人学校はありませんでした。地元の公立校では、1学級での日本人の数に上限を設けていたため、最寄りの学校には通えません。上の娘の入学が決まったのは自宅から約30㎞以上離れた学校でした。妻は毎朝毎夕、子どもたちを車で送り迎えすることになりました。

　娘たちはそうした状況で、知らない国、知らない言葉、知らない文化に慣れていかなければなりません。特に、長女は日本で1年生として小学校に通い出してからすぐに転校したので、さまざまな違いを目にして困惑したこともあるでしょう。
そんな中で、日本人の同世代の友達もできました。テルフォードには日本人学校はありませんでしたが、日本人向けの補習校があったからです。補習校とは、平日は現地の学校に通う子どもを対象に、週末だけ日本語で国語と算数の授業をする、文部科学省認定の施設です。娘たちも土曜日がやってくるのを楽しみにしていました。
子どもたちは苦労もしながらも、2つの学校に通いながら、いい経験ができているに違いないと私は思っていました。

その苦労がどれほどのものであったのかを知ったのは、英国駐在生活が4年目に入り、10歳になった長女が書いた詩を目にしたときです。

私の人生は波のよう
大波、小波いろいろな種類
いじわるしたり、やさしくもしてくれる
日本での入学式

私の波は、ゆらゆらはしゃいでいた

でもその波はあっという間に消えていた
なぜか波が静かになった

ＹＥＡＲ１と言う
意味のわからないクラスに入り
見たこともない人
言葉の波がものすごいスピードでいっぺんに
おそって来た

その波はなかなかおさまらない
何を言えばいいのだろう
涙の雨まで降って来た
でも補習校に入ったら

先生と友達がおそろしい波をおさめてくれた
でもそれはたったの土曜日だけ

大っきらいの月曜日
どんなに逃げてもついてくる
私はどこへ走ればいいのだろう

でもゆっくり4年間がすぎ
もう一つも波は無く
元気に学校へ行っていた

時々いらいらして
ものすごいかみなりが落ちる
楽しい時は
お日さまが明るく照っている

いろんな天気にかこまれた
イギリスの学校の宿題は
いつも私をくもりにしている
波は頭にぶつかって来る

今の私は
楽しくサーフィンをしている
悲しいこと、くやしい思いもするけれど
それも一つの思い出だ
これからも、いろんな天気の中で
サーフィンしよーっと！

まさかをまさかと思わずに、揺られながらもそれを乗りこなすのだという考え方を、
私は娘から教わったのかもしれません。

この地では、次女から教わり、その後、山下家で四半世紀も続いている習慣もあります。時期的には、確か長女がこの詩を書いた頃ですから、次女は7歳くらいだったはずです。

ある日、帰宅すると玄関の靴が、きれいにそろえてありました。そのときは「珍しいな」と思っただけでしたが、その後も、朝夕、いつもきれいにそろえられています。どうしたのかと妻に尋ねると「下の娘が、いつも必ずそろえてくれるのよ」と言います。そこで今度は次女に「なんで靴をそろえてくれているの？」と聞いてみました。すると、黙って一枚の紙をくれました。

そこには、一篇の詩がつづられていました。

はきものをそろえると心もそろう
心がそろうとはきものがそろう
ぬぐときにそろえておくと
はくときに心がみだれない
だれかがみだしておいたら

だまってそろえておいてあげよう
そうすればきっと
世の中の人の心もそろうでしょう

目頭が熱くなり、「ありがとう」と言うのが精一杯だったことを思い出します。次女もまた、現地での生活に慣れるために一生懸命だったはずです。7歳の女の子は、そうした状況でも黙ってはきものをそろえることで、みだれることもあったかもしれなかった家族の心を、そろえようとしてくれていたのです。

この詩は、長野市にある龍眼山円福寺の住職だった藤本幸邦さんによる「はきものをそろえる」という詩です。

思えば、人を愛する、地球を愛するという行為も、誰かが脱いだはきものもそっとそろえ、それを続けるという、静かだけれど身近な行いの積み重ねなのかもしれません。

さて、長女が楽しみにしていた補習校に話を戻します。駐在中、児童数が減ったことで基準に達しなくなり、文科省から校長が派遣されなくなりました。しかしながら、学校にはとりまとめ役の校長が必要です。

ちょうど補習校の運営委員長を務めていた私は、お金を出し合って新しい校長を雇用するという案を、日本人会の理事会合の場で提案しました。

大半の方々は理解を示してくれましたが、反対する方もいました。「我が社の駐在員の子供は補習校に通っていないので、協賛できません」と言う企業の方もいました。この意見は何かに似ています。「気候温暖化で水位が上がっても、我が国土は水没しないので、CO_2排出量は削減しません」という言い分と同じ、自分のことしか考えていない意見です。

私は激怒してしまいました。自分でもその怒りに驚くほどでした……。

なぜ、補習校が必要で、補習校に校長先生が必要なのか。我が子のためだけではありません。親やその勤務先の都合でテルフォードに来ざるを得なかったすべての子どもたちのためです。今の世代のエゴで、次の世代に無理を強いているのであれば、できる限りの償いはすべきです。

テルフォードに進出している日本企業が少しずつ負担をすれば、校長先生の人件費は十分にまかなえるはずですと言い放って私は席を立ってしまいました。その後、理事会合でどのような話し合いがあったのかは分かりません。冷静になって会議室に戻ったときにはすべての方が賛同をしてくれていました。

そうした英国生活も6年が過ぎ、終盤を迎えた頃です。

長女がつづった詩には『波』というタイトルが付けられていたのですが、家族そろって、自分たちから望んで！小さな波に揺られたこともあります。

テルフォードの街には運河があります。産業革命の時代、物流のために整備されたインフラが今も残っていて、そこをボートで巡る旅が人気です。私たちもボートで、運河を旅することにしました。

ボートといっても、公園の池にあるようなオープンエアなタイプではありません。カナルボートと呼ばれるその船は、運河の幅に合わせて狭いのですが長さは9mもあり、屋根があり、内部にはキッチンやトイレ、ベッドまで備えていて、トレーラーハウスのような趣です。

それに乗って、10日間の運河の旅に出ました。操縦するのは私です。現地では、30分ほど講習を受ければキャプテンになれました。

英国で家族と楽しんだカナルボートの旅。これは最高の思い出ですが、2人の娘には海外生活の大変な苦労を掛けてしまっていました…

にわかキャプテンですから、もちろんトラブルも起こります。曲がり角で土手にぶつかったり、沼地のようなところでボートが動けなくなったり、そのたびに家族が助けてくれます。運河での航行では、ロックと呼ばれる水門を自分たちで開けて通過する必要があります。こう書くのは簡単ですが、にわかキャプテンにはなかなか荷が重い仕事です。

ロックに差し掛かると、私は舵輪を握ります。娘たちは我先にと競うように船を降ります。ロック操作は、いつの間にか娘たちの仕事になっていました。ハンドルをぐるぐると回してロックを開け、私がボートをそこに入れると水位が上がって通過できるのを待ち、無事に通れれば歓声を上げます。

クルマで行けば1時間の距離をほぼ1日かけて進みます。家族だけで10日のボートの旅ですが、道中では一期一会の仲間たちとの交流も楽しみの一つでした。夕方になるとモーリング場所（船着き場）にカナルボートを停めて朝を待ちます。モーリング場所には必ずパブがあり、ボートの旅の人たちと懇親を深めます。会社での話題とは全く違い、人生を語り合うことがあります。そして、ボートに戻り簡単な料理をして食事です。愛犬のベスも一緒です。その日に出会った人々や出来事を振り返りつつ、ボートのベッドで眠りにつく毎日でした。

２００年近く前に作られた運河を旅してゆったりと同じ波に揺られたことは、家族の最高の思い出です。そしてこの時間は、私は仕事をするためだけに生まれたわけではないことを改めて私に教えてくれたものでもありました。

こうして豊かな気持ちになれる場所もまた未来の子どもたちから借りているのだとすれば、やはり守り大切にして、いずれお返ししたいものです。

三愛精神の実践はこれからも、私のライフワークです。

最後となりましたが、本書の完成にあたり、多くの方々に支えられました。この場を借りて、心から感謝の意を表したいと思います。

今回、私自身の人生を振り返り執筆するなかで、あらためて思ったことがあります。どの場面においても私を支え、共に人生を歩んできてくれた妻に心を込めてお礼を言いたいと思います。「本当にありがとう」

情熱をもって日々仕事に取り組んでいるリコーの皆さんにも深く感謝します。お客さまに真摯に向き合い、誠実に価値をお届けする皆さん一人ひとりが、リコーのブランドであると考えています。自らの言葉で、提供価値を語れる社員の数が増えていく、お互いに助け合いながら成長を続けていく姿勢に感銘しています。それは私が今日まで活動できた原動力です。

そして、はたらくすべての皆さんに向けて。

これからも共に学び、挑戦し続ける仲間として、共に成長していきたいと心から願っています。本書が、皆さんのさらなるはたらく歓びにつながることを願ってやみません。

山下 良則（やました　よしのり）

1957年、兵庫県生まれ。1980年、広島大学工学部卒業後、リコーに入社。英国、米国の生産会社において管理部長、社長を務め、グローバル化を牽引。2017年、代表取締役 社長執行役員・CEOに就任。同年4月、日本企業で初めてRE100 に加盟し、脱炭素社会実現に向けた取り組みに加え、自律型人材の活躍に向けた施策を展開。2020年に日経SDGs経営大賞受賞。「"はたらく"に歓びを」をリコーグループの使命と目指す姿に据え、OAメーカーからの脱皮とデジタルサービスの会社への変革を推進。2023年、代表取締役会長に就任。
また、社外においても公益社団法人経済同友会副代表幹事、JCLP（日本気候リーダーズ・パートナーシップ）共同代表、日本生産性本部理事、地方分権改革有識者会議議員、国家公務員倫理審査会委員、一般社団法人日本卓球リーグ実業団連盟会長など、幅広く活躍

すべての"はたらく"に歓びを！
リコー会長が辿り着いた「人を愛する経営」

2024年12月16日　第1版第1刷発行

著　者	山下 良則
発行者	松井 健
発　行	株式会社日経BP
編集協力	庄司 容子（日本経済新聞社）　片瀬 京子
カバー写真	海田 悠
発　売	株式会社日経BPマーケティング 〒105-8308　東京都港区虎ノ門4-3-12
装丁・本文デザイン	中川 英祐（トリプルライン）
印刷・製本	TOPPANクロレ株式会社